施工现场十大员技术管理手册

试 验 员

（第三版）

上海市建筑施工行业协会工程质量安全专业委员会
主　编　韩跃红
副主编　乐嘉鲁　王　磊　刘文军
主　审　潘延平

U0250517

中国建筑工业出版社

图书在版编目（CIP）数据

试验员/韩跃红主编. —3 版. —北京：中国建筑工
业出版社，2015.3
（施工现场十大员技术管理手册）
ISBN 978-7-112-19189-5

Ⅰ.①试…　Ⅱ.①韩…　Ⅲ.①建筑材料-材料试验-
技术手册　Ⅳ.①TU502-62

中国版本图书馆 CIP 数据核字（2016）第 040062 号

施工现场十大员技术管理手册
试　验　员
（第三版）

上海市建筑施工行业协会工程质量安全专业委员会
主　编　韩跃红
副主编　乐嘉鲁　王　磊　刘文军
主　审　潘延平
*
中国建筑工业出版社出版、发行（北京西郊百万庄）
各地新华书店、建筑书店经销
霸州市顺浩图文科技发展有限公司制版
北京建筑工业印刷厂印刷
*
开本：850×1168 毫米　1/32　印张：7　字数：187 千字
2016 年 6 月第三版　　2016 年 6 月第二十五次印刷
定价：19.00 元
ISBN 978-7-112-19189-5
（28310）

本书根据国家标准以及现行建设工程检测试验管理技术要求，对试验员的现场工作内容进行了编写。分为施工现场检测试验管理、房屋建筑工程检测试验、市政工程检测试验三个章节。考虑到不同地区通用性、当前施工现场检测实验工作的实际需要和查阅方便。本书是一本内容丰富、查阅方便、实用性强、操作性好的小型工具书。适合施工现场的试验员进行查阅。

＊　　＊　　＊

责任编辑：郦锁林　王　治
责任校对：陈晶晶　张　颖

《施工现场十大员技术管理手册》（第三版）
编 委 会

主　　任：黄忠辉

副 主 任：姜　敏　潘延平　薛　强

编　　委：张国琮　张常庆　辛达帆　金磊铭

　　　　　邱　震　叶佰铭　陈　兆　韩佳燕

本书编委会

主编单位：上海市建筑施工行业协会工程质量安

　　　　　全专业委员会

主　　编：韩跃红

副 主 编：乐嘉鲁　王　磊　刘文军

主　　审：潘延平

编写人员：乐嘉鲁　王　磊　刘文军

丛 书 前 言

　　《施工现场十大员技术管理手册》(第三版)是在中国建筑工业出版社 2001 年发行的第二版的基础上修订而成,覆盖了施工现场项目第一线的技术管理关键岗位人员的技术、业务与管理基本理论知识与实践适用技巧。本套丛书在保留原丛书内容贴近施工现场实际,简洁、朴实、易学、易掌握需求的同时,融入了近年来建筑与市政工程规模日益高、大、深、新、重发展的趋势,充实了近段时期涌现的新结构、新材料、新工艺、新设备及绿色施工的精华,并力求与国际建设工程现代化管理实务接轨。因此,本套丛书具有新时代技术管理知识升级创新的特点,更适合新一代知识型专业管理人员的使用,其出版将促进我国建设项目有序、高效和高质量的实施,全面提升我国建筑与市政工程现场管理的水平。

　　本套丛书中的十大员,包括:施工员、质量员、造价员、材料员、安全员、试验员、测量员、机械员、资料员、现场电工。系统介绍了施工现场各类专业管理人员的职责范围,必须遵循的国家新颁发的相关法律法规、标准规范及政府管理性文件,专业管理的基本内容分类及基础理论,工作运作程序、方法与要点,专业管理涉及的新技术、新管理、新要求及重要常用表式。各大员专业丛书表述通俗简明易懂,实现了现场技术的实际操作性与管理系统性的融合及专业人员应知应会与能用善用的要求。

　　本套丛书为建筑与市政工程施工现场技术专业管理人员提供了操作性指导文本,并可用于施工现场一线各类技术工种操作人员的业务培训教材;既可作为高等专业学校及建筑施工技术管理职业培训机构的教材,也可作为建筑施工科研单位、政府建筑业管理部门与监督机构及相关技术管理咨询中介机构专业技术管理人员的参考书。

本套丛书在修订过程中得到了上海市住房和城乡建设管理委员会、上海市建设工程安全质量监督总站、上海市建筑施工行业协会与其他相关协会的指导，上海地区一批高水平且具有丰富实际经验的专家与行家参与丛书的编写活动。丛书各分册的作者耗费了大量的心血与精力，在此谨向本套丛书修订过程的指导者和参与者表示衷心感谢。

由于我国建筑与市政工程建设创新趋势迅猛，各类技术管理知识日新月异，因此本套丛书难免有不妥之处，敬请广大读者批评指正，以便在今后修订中更趋完善。

愿《施工现场十大员技术管理手册》（第三版）为建筑业工程质量整治两年行动的实施，建筑与市政工程施工现场技术管理的全方位提升作出贡献。

第三版前言

根据国家现行建设工程检测试验管理及技术要求，按照实用性强、操作性好的小型工具书的特点，对本书进行了重新编写。本版与第二版的主要区别如下：

(1) 根据《建筑工程检测试验技术管理规范》（JGJ190—2010）、《房屋建筑和市政基础设施工程质量检测技术管理规范》（GB 50618—2011）、《建设工程质量检测管理办法》（建设部令第 141 号）等的有关规定，重写了第 1 章"施工现场检测试验管理"。

(2) 将第二版第 2 章、第 3 章的内容并入第 2 章"房屋建筑工程检测试验"，根据现行检测技术标准对相关内容进行了更新，并考虑到内容的不同地区通用性、当前施工现场检测试验工作的实际需要和查阅方便，对部分内容进行了精简或重新编排。此外，新增了钢结构材料、建筑材料和装饰装修材料有害物质、建筑幕墙材料、建筑门窗、建筑节能材料等内容。

(3) 将第二版第 4 章的部分内容并入第 2 章，将第二版第 4 章、第 5 章的有关内容并入第 1 章。

(4) 新增了市政工程检测试验内容（第 3 章），使本书的内容更加完整。

由于编者水平有限，书中内容难免有欠缺、疏漏，敬请广大读者给予指正。

目 录

1 施工现场检测试验管理

1.1 施工现场检测试验管理制度

（1）房屋建筑和市政基础设施工程施工现场检测试验的组织管理和实施由施工单位负责。当工程实行施工总承包时，可由总承包单位负责整体组织管理和实施，分包单位按合同确定的施工范围各负其责。

（2）施工现场应配备满足检测试验需要的试验人员、仪器设备、设施及相关标准。

（3）施工单位及其取样、送检人员必须确保提供的检测试样具有真实性和代表性。

（4）施工现场应建立健全检测试验管理制度，施工项目技术负责人应组织检查检测试验管理制度的执行情况。

（5）施工现场检测试验管理制度应包括以下内容：

1）岗位职责；

2）现场试样制取及养护管理制度；

3）仪器设备管理制度；

4）现场检测试验安全管理制度；

5）检测试验报告管理制度。

（6）施工单位现场试验员的主要岗位职责为：

1）负责建筑材料的现场取样工作；

2）负责现场养护室的日常管理工作；

3）负责混凝土、砂浆、保温浆料等现场成型试件的制作、养护和保管等工作；

4）负责混凝土、砂浆、保温浆料等拌合物质量的现场检测工作；

    5）负责与检测相关的测量设备的量值溯源或检测工作，并做好测量设备的维护保养。

1.2 施工现场检测试验的人员、仪器设备、环境及设施要求

    （1）现场试验人员应掌握相关标准，并经过技术培训、考核。

    （2）施工现场配置的检测仪器、设备应建立管理台账。温度计、湿度计、钢直尺等检测仪器应按规定进行计量检定或校准，混凝土振动台、试模、坍落度筒等试验设备应按规定进行检测。应做好仪器、设备的维护保养工作，保持仪器、设备状态完好。

    （3）施工现场试验环境及设施应满足试验检测工作的要求。

    （4）单位工程建筑面积超过 $10000m^2$ 或造价超过 1000 万元人民币时，可以设立现场试验站。现场试验站的基本条件应符合表 1-1 的规定。

现场试验站基本条件   表 1-1

项　目	基本条件
现场试验人员	根据工程规模和试验工作的需要配备，宜为 1～3 人
仪器、设备	根据试验项目确定。一般应配备天平、台（案）秤、温（湿）度计、钢直尺、混凝土振动台、试模、坍落度筒、砂浆稠度仪
设施	工作间（操作间）面积不宜小于 $15m^2$，温、湿度应满足有关规定
	混凝土结构工程宜设立标准养护室，不具备条件时可采用养护箱或养护池。养护室应配备温度计、湿度计，以及合适的控温、保湿设备和设施，确保混凝土、砂浆等试块的静置、养护条件符合相关标准的规定。应记录养护室环境条件，温度、湿度记录一般每天上午、下午各一次

1.3 施工现场检测试验工作程序

1.3.1 施工现场检测试验工作程序
施工现场检测试验工作按以下程序进行：

1) 制定检测试验计划；

2) 制取试样；

3) 登记台账；

4) 送检；

5) 检测试验；

6) 检测试验报告管理。

1.3.2 检测试验计划
（1）检测试验计划应在工程施工前由施工项目技术负责人组织有关人员编制，并报监理单位进行审查和监督实施。

（2）应根据检测试验计划，按照国家、地方建设主管部门的有关规定，制定相应的见证取样、见证检测计划。

（3）检测试验计划应按检测试验项目分别编制，并应包括以下内容：

1) 检测试验项目名称；

2) 检测试验参数；

3) 试样规格；

4) 代表批量；

5) 施工部位；

6) 计划检测试验时间。

（4）检测试验计划编制应依据现行国家、行业、地方标准和建设行政主管部门规范性文件的规定及施工质量控制的需要，并应符合以下规定：

1) 材料和设备的检测试验应根据预算量、进场计划及相关标准、文件规定的抽检率确定抽检频次；

2) 施工过程质量检测试验应依据施工流水段划分、工程量、施工环境及质量控制的需要确定抽检频次；

3）工程实体质量与使用功能检测试验应按照相关标准、文件的要求确定检测试验频次；

4）计划检测试验时间应根据工程施工进度计划确定。

（5）发生下列情况之一并影响检测试验计划实施时，应及时调整计划：

1）设计变更；

2）施工工艺改变；

3）施工进度调整；

4）材料和设备的规格、型号或数量变化。

（6）调整后的检测试验计划应报监理单位重新进行审查。

1.3.3 制取试样

（1）进场检测试验的材料，必须从施工现场随机抽取，严禁在现场外制取。材料本身带有标识的，抽取的试件应选择有标识的部分。

（2）施工过程质量检测试验，除确定工艺参数可制取模拟试样外，必须从现场相应的施工部位制取。

（3）工程实体质量与使用功能检测试验应根据相关标准抽取检测试样或确定检测部位。

（4）试样应有唯一性标识，并应符合下列规定：

1）试样应按照取样时间顺序连续编号，不得空号、重号；

2）试样标识的内容应根据试样的特性确定，应包括：名称、规格（或强度等级）、制取日期等信息；

3）试样标志应字迹清晰、附着牢固。

（5）试样的存放、搬运应符合相关标准的规定。

（6）试样交接时，应对试样的外观、数量等进行检查确认。

（7）实行见证取样的检测项目，施工单位应在取样前将取样内容、时间、地点等通知监理或建设单位的见证人员，制取试样时必须有见证人员在场见证。

1.3.4 试样台账

(1) 施工现场应按照单位工程分别建立下列试样台账：

1) 钢筋试样台账；

2) 钢筋连接接头试样台账；

3) 混凝土试件台账；

4) 砂浆试件台账；

5) 需要建立的其他试样台账。

(2) 现场试验人员制取试样并做出标识后，应按试样编号顺序登记试样台账。

(3) 检测试验结果为不合格或不符合要求时，应在试样台账中注明处置情况。

(4) 试样台账的格式可参照附录。

1.3.5 试样送检

(1) 下列检测项目应由建设单位委托有见证取样检测资质的检测机构进行检测：

1) 水泥物理力学性能检验；

2) 钢筋（含焊接与机械连接）力学性能检验；

3) 砂、石常规检验；

4) 混凝土、砂浆强度检验；

5) 简易土工试验；

6) 混凝土掺加剂检验；

7) 预应力钢绞线、锚夹具检验；

8) 沥青、沥青混合料检验。

(2) 进场材料性能复试与设备性能测试的项目和主要检测参数，应根据现行国家、行业、地方标准，以及设计文件、建设主管部门规范性文件和合同要求确定。

(3) 现场试验人员应根据施工需要及有关标准规定，将标识后的试样及时送至检测机构进行检测试验。实行见证取样、送检的检测项目，必须有见证人员对送检过程进行见证。

(4) 现场试验人员应正确填写委托单，有特殊要求时应注明。

（5）办理委托后，现场试验人员应将检测机构给定的委托编号在试样台账上登记。

1.3.6 检测试验

（1）国家对检测单位资质没有要求的检测项目，可由施工单位在企业试验室进行检测试验，也可委托检测机构进行检测试验。

（2）施工工艺参数检测试验项目应由施工单位根据工艺特点及现场施工条件确定，检测试验任务可由企业试验室承担。

（3）现场工程实体检测应由见证人员对检测的关键环节进行旁站见证，施工单位应做好相应的协调、配合工作。

（4）对不能在施工现场制取试样或不适合送检的大型构配件及设备等，可由监理单位与施工单位等协商，在供货方提供的检测场所进行检测。

（5）检测方法应符合现行国家、行业、地方标准的规定。

1.3.7 检测试验报告

（1）现场试验人员应及时获取检测试验报告，核查报告内容。当检测试验结果为不合格或不符合要求时，应及时报告施工项目技术负责人、检测单位及有关单位的相关人员。

（2）检测试验报告的编号和检测试验结果应在试样台账上登记。

（3）现场试验人员应将登记后的检测试验报告移交有关人员。

（4）对检测试验结果不合格的报告严禁抽撤、替换或修改。

（5）检测试验报告中的送检信息需要修改时，应由现场试验人员提出申请，写明原因，并经施工项目技术负责人批准。涉及见证检测报告送检信息修改时，尚应经见证人员同意并签字。

（6）对检测试验结果不合格的材料、设备和工程实体等质量问题，施工单位应依据相关标准的规定在监理单位的监督下进行处理。

（7）对检测试验结果有争议时，应委托共同认可的具备相应资质的检测机构重新检测。

2 房屋建筑工程检测试验

2.1 水 泥

2.1.1 概述

建筑工程常用的通用硅酸盐水泥分为硅酸盐水泥、普通硅酸盐水泥、矿渣硅酸盐水泥、火山灰质硅酸盐水泥、粉煤灰硅酸盐水泥和复合硅酸盐水泥。通用硅酸盐水泥的代号和强度等级见表2-1。

通用硅酸盐水泥的代号和强度等级　　　　表 2-1

品　种	代号	强度等级
硅酸盐水泥	P·Ⅰ	分为 42.5、42.5R、52.5、52.5R、62.5、62.5R 六个等级
	P·Ⅱ	
普通硅酸盐水泥	P·O	分为 42.5、42.5R、52.5、52.5R 四个等级
矿渣硅酸盐水泥	P·S·A	分为 32.5、32.5R、42.5、42.5R、52.5、52.5R 六个等级
	P·S·B	
火山灰质硅酸盐水泥	P·P	
粉煤灰硅酸盐水泥	P·F	
复合硅酸盐水泥	P·C	分为 32.5R、42.5、42.5R、52.5、52.5R 五个等级

2.1.2 检测依据

《砌体结构工程施工质量验收规范》GB 50203—2011
《混凝土结构工程施工质量验收规范》GB 50204—2015
《建筑装饰装修工程质量验收规范》GB 50210—2001
《通用硅酸盐水泥》GB 175—2007

《水泥取样方法》GB/T 12573—2008

2.1.3 检测内容和使用要求

（1）检测内容

1）混凝土结构工程用水泥进场时，应对水泥的强度、安定性和凝结时间进行复验。

2）砌体工程用水泥进场使用前应分批对其强度、安定性进行复验。

3）建筑装饰装修工程抹灰和勾缝用水泥应对其凝结时间、安定性进行复验，饰面板（砖）粘贴用水泥还应对其抗压强度进行复验。

（2）使用要求

1）国家水泥产品实施工业产品生产许可证管理，水泥生产企业必须取得《全国工业产品生产许可证》。获证企业及其产品可通过国家质监总局网站 www.aqsiq.gov.cn 查询。

2）钢筋混凝土结构、预应力混凝土结构中，严禁使用含氯化物的水泥。

3）水泥在储存和运输工程中，应按不同等级、品种及出厂日期分别储运，水泥储存时应注意防潮，地面应铺放防水隔离材料或用木板加设隔离层。

4）不同品种的水泥不能混合使用。虽然是同一品种的水泥，但强度等级不同，或出厂期差距过久的也不能混合使用。

2.1.4 取样要求

（1）取样批量

1）混凝土结构工程及砌体工程用水泥应按同一生产厂家、同一等级、同一品种、同一批号且连续进场的水泥，袋装不超过200t 为一批，散装不超过 500t 为一批，每批抽样不少于一次。

水泥进场检验，当满足下列条件之一时，其检验批容量可扩大一倍（检验批容量仅可扩大一次，扩大检验批后的检验中，出现不合格情况时，应按扩大前的检验批容量重新验收，且该产品不得再次扩大检验批容量）：

① 获得认证的产品；

② 同一厂家、同一品种、同一规格的水泥连续三次进场检验均一次检验合格的。

2）建筑装饰装修工程用水泥应按同一生产厂家、同一品种、同一等级的进场水泥应至少抽取一组样品的规定进行复验，当合同另有约定时应按合同执行。

3）当在使用中对水泥质量有怀疑或水泥出厂超过三个月（快硬硅酸盐水泥超过一个月）时，应进行复验，并按复验结果使用。虽未过期但已受潮结块的水泥，使用时必须重新试验确定实际强度等级。

（2）取样方法

1）水泥试样可连续取样，亦可从20个以上不同部位取等量样品，总量至少12kg。袋装水泥可采用取样管取样，散装水泥可采用槽形管状取样器取样。

2）取样管取样：采用图2-1的取样管取样。随机选择20个以上不同的部位，将取样管插入水泥适当深度，用大拇指按住气孔，小心抽出取样管。将所取样品放入洁净、干燥、不易受污染的容器中。

3）槽形管状取样器取样：当所取水泥深度不超过2m时，采用图2-2的槽形管式取样器取样。通过转动取样器内管控开关，在适当位置插入水泥一定深度，关闭后小心抽出。将所取样品放入洁净、干燥、不易受污染的容器中。

2.1.5 技术要求

（1）不同品种不同强度等级的通用硅酸盐水泥，其不同龄期的强度应符合表2-2的规定。

（2）安定性沸煮法合格。

（3）硅酸盐水泥初凝时间不小于45min，终凝时间不大于390min；普通硅酸盐水泥、矿渣硅酸盐水泥、火山灰质硅酸盐水泥、粉煤灰硅酸盐水泥和复合硅酸盐水泥初凝不小于45min，终凝不大于600min。

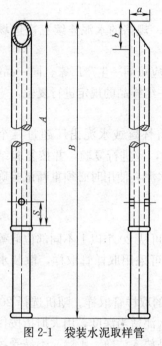

图 2-1　袋装水泥取样管

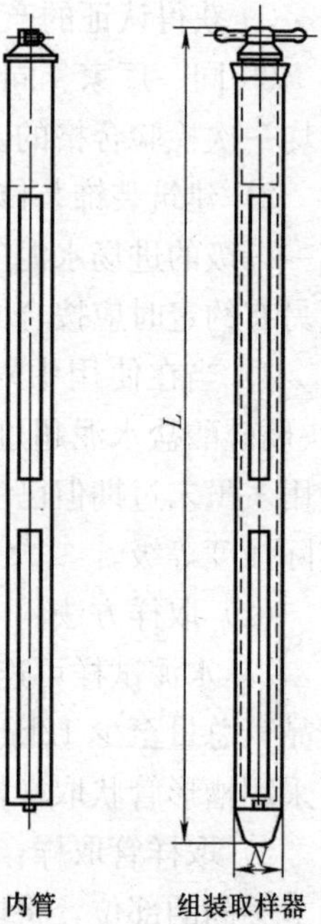

内管　　　组装取样器

图 2-2　散装水泥取样器

通用硅酸盐水泥强度 表 2-2

品　种	强度等级	抗压强度（MPa）		抗折强度（MPa）	
		3d	28d	3d	28d
硅酸盐水泥	42.5	≥17.0	≥42.5	≥3.5	≥6.5
	42.5R	≥22.0		≥4.0	
	52.5	≥23.0	≥52.5	≥4.0	≥7.0
	52.5R	≥27.0		≥5.0	
	62.5	≥28.0	≥62.5	≥5.0	≥8.0
	62.5R	≥32.0		≥5.5	
普通硅酸盐水泥	42.5	≥17.0	≥42.5	≥3.5	≥6.5
	42.5R	≥22.0		≥4.0	
	52.5	≥23.0	≥52.5	≥4.0	≥7.0
	52.5R	≥27.0		≥5.0	

品　种	强度等级	抗压强度（MPa）		抗折强度（MPa）	
		3d	28d	3d	28d
矿渣硅酸盐水泥、火山灰质硅酸盐水泥、粉煤灰硅酸盐水泥	32.5	≥10.0	≥32.5	≥2.5	≥5.5
	32.5R	≥15.0		≥3.5	
	42.5	≥15.0	≥42.5	≥3.5	≥6.5
	42.5R	≥19.0		≥4.0	
	52.5	≥21.0	≥52.5	≥4.0	≥7.0
	52.5R	≥23.0		≥4.5	
复合硅酸盐水泥	32.5R	≥15.0	≥32.5	≥3.5	≥5.5
	42.5	≥15.0	≥42.5	≥3.5	≥6.5
	42.5R	≥19.0		≥4.0	
	52.5	≥21.0	≥52.5	≥4.0	≥7.0
	52.5R	≥23.0		≥4.5	

2.2　建筑用砂

2.2.1　概述

建筑用砂按产源分为天然砂、人工砂、混合砂。

天然砂指由自然条件作用而形成的、公称粒径小于5.00mm的岩石颗粒，包括河砂、山砂、海砂等。人工砂指岩石经除土开采、机械破碎、筛分而形成的，公称粒径小于5.00mm的岩石颗粒，也称机制砂。混合砂指由天然砂与人工砂按一定比例组合而成的砂。

2.2.2　检测依据

《砌体结构工程施工质量验收规范》GB 50203—2011

《混凝土结构工程施工质量验收规范》GB 50204—2015

《普通混凝土用砂、石质量及检验方法标准》JGJ 52—2006

《普通混凝土配合比设计规程》JGJ/T 55—2011

2.2.3 检测内容和使用要求

（1）检测内容：

1）混凝土和砂浆用砂每验收批至少应进行颗粒级配、含泥量、泥块含量检验。

2）对于海砂或有氯离子污染的砂，还应检验其氯离子含量；对于海砂，还应检验贝壳含量。

3）对于人工砂及混合砂，还应检验石粉含量。

4）对于长期处于潮湿环境的重要混凝土结构所用的砂，还应进行碱活性检验。

5）对于重要工程及特殊工程，应根据工程要求增加检测项目。对其他指标的合格性有怀疑时，应予检验。

（2）砂在运输、装卸和堆放过程中，应防止颗粒离析、混入杂质，并应按产地、种类、规格分别堆放。

2.2.4 取样要求

（1）取样批量：

1）使用单位应按砂的同产地同规格分批验收。采用大型工具（如火车、货船或汽车）运输的，应以 400m³ 或 600t 为一验收批；采用小型工具（如拖拉机等）运输的，应以 200m³ 或 300t 为一验收批。不足上述量者，应按一验收批进行验收。

2）当砂或石的质量比较稳定、进料量又较大时，可以 1000t 为一验收批。

3）砂的数量验收，可按质量计算，也可按体积计算。测定质量，可用汽车地量衡或船舶吃水线；测定体积，可按车皮或船舶的容积为依据。采用其他小型运输工具时，可按量方确定。

（2）对于每一单项检验项目，砂的每组样品取样数量应满足表 2-3 的规定。

（3）取样方法

1）从料堆上取样时，取样部位应均匀分布。取样前应先将取样部位表层铲除，然后由各部位抽取大致相等的砂 8 份，组成一组样品。

检 验 项 目	最少取样质量(g)
筛分析	4400
含泥量	4400
泥块含量	20000
石粉含量	1600
表观密度	2600
吸水率	4000
紧密密度和堆积密度	5000
含水率	1000
人工砂压碎值指标	分成公称粒级 5.00～2.50mm;2.50～1.25mm; 1.25mm～630μm;630～315μm;315～160μm 每个粒级各需 1000g
有机物含量	2000
云母含量	600
轻物质含量	3200
坚固性	分成公称粒级 5.00～2.50mm;2.50～1.25mm; 1.25mm～630μm;630～315μm;315～160μm 每个粒级各需 100g
硫化物及硫酸盐含量	50
氯离子含量	2000
贝壳含量	10000
碱活性	20000

2）从皮带运输机上取样时，应在皮带运输机机尾的出料处用接料器定时抽取砂 4 份组成一组样品。

3）从火车、汽车、货船上取样时，应从不同部位和深度抽取大致相等的砂 8 份，组成一组样品。

4）每组样品应妥善包装，避免细料散失，防止污染。

5）采用人工四分法缩分：将样品置于平板上，在潮湿状态下拌合均匀，并堆成厚度约为 20mm 的"圆饼"状，然后沿互相垂直的两条直径把"圆饼"分成大致相等的四份，取其对角线的两份重新拌匀，再堆成"圆饼"状。重复上述过程，直至把样品缩分后的材料量略多于试验所需量为止。

2.2.5 技术要求

（1）粗细程度及颗粒级配

1）砂的粗细程度按细度模数 μ_f 分为粗、中、细、特细四级，其范围应符合下列规定：

粗砂：$\mu_f = 3.7 \sim 3.1$

中砂：$\mu_f = 3.0 \sim 2.3$

细砂：$\mu_f = 2.2 \sim 1.6$

特细砂：$\mu_f = 1.5 \sim 0.7$

2）除特细砂外，砂的颗粒级配可按公称直径 $630\mu m$ 筛孔的累计筛余量（以质量百分率计），分成三个级配区（表2-4），且砂的颗粒级配应处于表2-4中的某一区内。

砂颗粒级配区 表2-4

累计筛余(%) 级配区 公称粒径	Ⅰ区	Ⅱ区	Ⅲ区
5.00mm	10～0	10～0	10～0
2.50mm	35～5	25～0	15～0
1.25mm	65～35	50～10	25～0
630μm	85～71	70～41	40～16
315μm	95～80	92～70	85～55
160μm	100～90	100～90	100～90

3）砂的实际颗粒级配与标准规定的累计筛余相比，除公称直径为5.00mm和630μm的累计筛余外，其余公称粒径的累计筛余可稍有超出分界线，但总超出量不应大于5%。

4）当天然砂的实际颗粒级配不符合要求时，宜采取相应的技术措施，并经试验证明能确保混凝土质量后，方允许使用。

5）配制混凝土时宜优先使用Ⅱ区砂。当采用Ⅰ区砂时，应提高砂率，并保持足够的水泥用量，满足混凝土的和易性；当采用Ⅲ区砂时，宜适当降低砂率；当采用特细砂时，应符合相应的规定。

6）配置高强度混凝土时，砂的细度模数宜为2.6～3.0。

7）配置抗渗混凝土、泵送混凝土、大体积混凝土宜采用中砂，泵送混凝土用砂通过315μm筛孔的颗粒含量不应少于15%。

8）砌筑砂浆宜选用中砂，水泥砂浆面层用砂应为中粗砂。

（2）天然砂含泥量

1）天然砂中含泥量应符合表2-5的规定。

天然砂中含泥量 表2-5

混凝土强度等级	≥C60	C55～C30	≤C25
含泥量（按质量计，%）	≤2.0	≤3.0	≤5.0

2）对于有抗冻、抗渗或其他特殊要求的小于或等于C25混凝土用砂，其含泥量不应大于3.0%。

3）配置高强度混凝土时，砂的含泥量不应大于2.0%。

（3）泥块含量

1）砂中泥块含量应符合表2-6的规定。

砂中泥块含量 表2-6

混凝土强度等级	≥C60	C55～C30	≤C25
泥块含量（按质量计，%）	≤0.5	≤1.0	≤2.0

2）对于有有抗冻、抗渗或其他特殊要求的小于或等于C25混凝土用砂，其泥块含量不应大于1.0%。

3）配置高强混凝土时，砂泥块含量不得大于0.5%。

（4）人工砂或混合砂石粉含量

人工砂或混合砂中石粉含量应符合表2-7的规定。

人工砂或混合砂中石粉含量 表 2-7

混凝土强度等级		≥C60	C55～C30	≤C25
石粉含量 (%)	MB<1.4(合格)	≤5.0	≤7.0	≤10.0
	MB≥1.4(不合格)	≤2.0	≤3.0	≤5.0

(5) 坚固性

砂的坚固性应采用硫酸钠溶液检验，试样经 5 次循环后，其质量损失应符合表 2-8 的规定。

砂的坚固性指标 表 2-8

混凝土所处的环境条件及其性能要求	5 次循环后的质量损失(%)
在严寒及寒冷地区室外使用并经常处于潮湿或干湿交替状态下的混凝土 对于有抗疲劳、耐磨、抗冲击要求的混凝土 有腐蚀介质作用或经常处于水位变化区的地下结构混凝土	≤8
其他条件下使用的混凝土	≤10

(6) 压碎指标

人工砂的总压碎指标值应小于 30%。

(7) 有害物质含量

1) 当砂中含有云母、轻物质、有机物、硫化物及硫酸盐等有害物质时，其含量应符合表 2-9 的规定。

砂中的有害物质含量 表 2-9

项　目	质量指标
云母含量(按质量计,%)	≤2.0
轻物质含量(按质量计,%)	≤1.0
硫化物及硫酸盐含量 (折算成 SO_3 按质量计,%)	≤1.0
有机物含量(用比色法试验)	颜色不应深于标准色。当颜色深于标准色时，应按水泥胶砂强度试验方法进行强度对比试验，抗压强度比不应低于 0.95

2）对于有抗冻、抗渗要求的混凝土用砂，其云母含量不应大于 1.0%。

3）当砂中含有颗粒状的硫酸盐或硫化物杂质时，应进行专门检验，确认能满足混凝土耐久性要求后，方可采用。

（8）对于长期处于潮湿环境的重要混凝土结构用砂，应采用砂浆棒（快速法）或砂浆长度法进行骨料的碱活性检验。经上述检验判断为有潜在危害时，应控制混凝土中的碱含量不超过 $3kg/m^3$，或采用能抑制碱—骨料反应的有效措施。

（9）氯离子含量

1）对于钢筋混凝土用砂，其氯离子含量不得大于 0.06%（以干砂的质量百分率计）。

2）对于预应力混凝土用砂，其氯离子含量不得大于 0.02%（以干砂的质量百分率计）。

（10）贝壳含量

1）海砂中贝壳含量应符合表 2-10 的规定。

海砂中贝壳含量　　　　　　　　　表 2-10

混凝土强度等级	≥C40	C35～C30	C25～C15
贝壳含量（按质量计，%）	≤3	≤5	≤8

2）对于有抗冻、抗渗或其他特殊要求的小于或等于 C25 混凝土用砂，其贝壳含量不应大于 5%。

（11）现场拌制混凝土前，应测定砂含水率，并根据测试结果调整材料用量，提出施工配合比。

（12）除筛分析外，当其余检测项目存在不合格项时，应加倍取样进行复验。当复验仍有一项不满足标准要求时，应按不合格品处理。

2.3　建筑用石

2.3.1　概述

建筑用石是建筑工程中混凝土及其制品的重要组成部分，分为碎石和卵石两种。碎石是由天然岩石或卵石经破碎、筛分而得的公称粒径大于 5.00mm 的岩石颗粒。卵石是由自然条件作用形成的公称粒径大于 5.00mm 的岩石颗粒。

2.3.2 检测依据

《混凝土结构工程施工质量验收规范》GB 50204—2015

《普通混凝土用砂、石质量及检验方法标准》JGJ 52—2006

《普通混凝土配合比设计规程》JGJ 55—2011

2.3.3 检测内容和使用要求

（1）检测内容

1）混凝土用碎石或卵石每验收批至少应进行颗粒级配、含泥量、泥块含量、针片状颗粒含量检测。

2）对于长期处于潮湿环境的重要混凝土结构用石，应进行碱活性检验。

3）对于重要工程及特殊工程，应根据工程要求增加检测项目；对其他指标的合格性有怀疑时，应予检验。

（2）使用要求

1）混凝土中用石，其最大颗粒粒径不得超过构件截面最小尺寸的 1/4，且不得超过钢筋最小净间距的 3/4；对混凝土实心板，石的最大粒径不宜超过板厚的 1/3，且不得超过 40mm。

2）石在运输、装卸和堆放过程中，应防止颗粒离析、混入杂质，并应按产地、种类、规格分别堆放。碎石或卵石的堆料高度不宜超过 5m，对于单粒级或最大粒径不超过 20mm 的连续粒级，其堆料高度可增加到 10m。

2.3.4 取样要求

（1）取样批量

1）使用单位应按石的同产地同规格分批验收。采用大型工具（如火车、货船或汽车）运输的，应以 400m³ 或 600t 为一验收批；采用小型工具（如拖拉机等）运输的，应以 200m³ 或 300t 为一验收批。不足上述量者，应按一验收批进行验收。

2）当石的质量比较稳定、进料量又较大时，可以 1000t 为一验收批。

3）石的数量验收，可按质量计算，也可按体积计算。测定质量，可用汽车地量衡或船舶吃水线；测定体积，可按车皮或船舶的容积为依据。采用其他小型运输工具时，可按量方确定。

（2）对于每一单项检验项目，碎石或卵石的每组样品取样数量应满足表2-11的规定。

每一单项检验项目所需碎石或卵石的最小取样质量（kg）

表2-11

试验项目	最大公称粒径(mm)							
	10.0	16.0	20.0	25.0	31.5	40.0	63.0	80.0
筛分析	8	15	16	20	25	32	50	64
含泥量	8	8	24	24	40	40	80	80
泥块含量	8	8	24	24	40	40	80	80
针、片状含量	12	4	8	12	20	40	—	—
表观密度	8	8	8	8	12	16	24	24
含水率	2	2	2	2	3	3	4	6
吸水率	8	8	16	16	16	24	24	32
堆积密度、紧密密度	40	40	40	40	80	80	120	120
硫化物及硫酸盐	1.0							

注：有机物含量、坚固性、压碎值指标及碱-骨料反应检验，应按试验要求的粒级及质量取样。

（3）取样方法

1）从料堆上取样时，取样部位应均匀分布。取样前应先将取样部位表层铲除，然后由各部位抽取大致相等的石16份，组成一组样品。

2）从皮带运输机上取样时，应在皮带运输机机尾的出料处用接料器定时抽取石8份，组成一组样品。

3）从火车、汽车、货船上取样时，应从不同部位和深度抽取大致相等的石16份，组成一组样品。

4）每组样品应妥善包装，避免细料散失，防止污染。

5）碎石或卵石缩分时，应将样品置于平板上，在自然状态下拌均匀，并堆成锥体，然后沿相互垂直的两条直径把锥体分成大致相等的四份，取其对角的两份重新拌匀，再堆成锥体。重复上述过程，直至缩分后的材料量略多于进行试验所需的量为止。

2.3.5 技术要求

（1）颗粒级配

1）碎石或卵石的颗粒级配，应符合表 2-12 的规定，混凝土用石应采用连续粒级。

2）单粒级宜用于组合成满足要求的连续粒级；也可与连续粒级混合使用，以改善其级配或配成较大粒度的连续粒级。

3）当卵石的颗粒级配不符合表 2-12 的要求时，应采取措施并经试验证实能确保工程质量后，方允许使用。

4）配制抗渗、抗冻、高强、泵送和大体积混凝土时宜采用连续级配，抗渗混凝土其碎石、卵石最大粒径不宜大于 40mm，高强混凝土其碎石、卵石最大粒径不宜大于 25.0mm。

5）泵送混凝土碎石最大粒径与输送管径之比宜符合表 2-13 的要求。

碎石或卵石的颗粒级配范围 表 2-12

级配情况	公称粒级（mm）	累计筛余,按质量（%）											
		方孔筛筛孔边长尺寸（mm）											
		2.36	4.75	9.5	16.0	19.0	26.5	31.5	37.5	53	63	75	90
连续粒级	5～10	95～100	80～100	0～15	0	—	—	—	—	—	—	—	—
	5～16	95～100	85～100	30～60	0～10	0	—	—	—	—	—	—	—
	5～20	95～100	90～100	40～80	—	0～10	0	—	—	—	—	—	—
	5～25	95～100	90～100	—	30～70	—	0～5	0	—	—	—	—	—
	5～31.5	95～100	90～100	70～90	—	15～45	—	0～5	0	—	—	—	—
	5～40	—	95～100	70～90	—	30～65	—	—	0～5	0	—	—	—

级配情况	公称粒级(mm)	累计筛余,按质量(%)											
		方孔筛筛孔边长尺寸(mm)											
		2.36	4.75	9.5	16.0	19.0	26.5	31.5	37.5	53	63	75	90
单粒级	10~20	—	95~100	85~100	—	0~15	0	—	—	—	—	—	—
	16~31.5	—	95~100	—	85~100	—	0~10	0	—	—	—	—	—
	20~40	—	—	95~100	—	80~100	—	0~10	0	—	—	—	—
	31.5~63	—	—	—	95~100	—	—	75~100	45~100	0~10	0	—	—
	40~80	—	—	—	—	95~100	—	—	70~100	—	30~60	0~10	0

碎石、卵石的最大公称粒径与输送管径之比　　表 2-13

粗骨料品种	泵送高度(m)	最大公称粒径与输送管径之比
碎石	<50	≤1:3.0
	50~100	≤1:4.0
	>100	≤1:5.0
卵石	<50	≤1:2.5
	50~100	≤1:3.0
	>100	≤1:4.0

（2）针、片状颗粒含量

1）碎石或卵石中针、片状颗粒含量应符合表 2-14 的规定。

针、片状颗粒含量　　表 2-14

混凝土强度等级	≥C60	C55~C30	≤C25
针、片状颗粒含量（按质量计,%）	≤8	≤15	≤25

2）对高强混凝土，碎石中针、片状颗粒含量不宜大于5.0%。

3）对泵送混凝土，碎石中针、片状颗粒含量不宜大于10%。

（3）含泥量

1）碎石或卵石中含泥量应符合表 2-15 的规定。

碎石或卵石中含泥量　　　　　　　表 2-15

混凝土强度等级	≥C60	C55～C30	≤C25
含泥量（按质量计，%）	≤0.5	≤1.0	≤2.0

2）对于有抗冻、抗渗或其他特殊要求的混凝土，其所用碎石中含泥量不应大于 1.0%。

3）当碎石的含泥是非黏土质的石粉时，其含泥量可由表 2-15 的 0.5%、1.0%、2.0%，分别提高到 1.0%、1.5%、3.0%。

（4）泥块含量

1）碎石、卵石中泥块含量应符合表 2-16 的规定。

2）对于有抗冻、抗渗或其他特殊要求的强度等级小于 C30 的混凝土，其所用碎石、卵石中泥块含量不应大于 0.5%。

碎石或卵石中泥块含量　　　　　　　表 2-16

混凝土强度等级	≥C60	C55～C30	≤C25
泥块含量（按质量计，%）	≤0.2	≤0.5	≤0.7

（5）强度

1）碎石的强度可用岩石的抗压强度和压碎值指标表示。

2）当混凝土强度等级大于或等于 C60 时，应进行岩石抗压强度检验。岩石的抗压强度应比所配制的混凝土强度至少高 20%。

3）岩石强度首先应由生产单位提供，工程中可采用压碎值指标进行质量控制。碎石的压碎值指标应符合表 2-17 的规定。

碎石的压碎值指标　　　　　　　**表 2-17**

岩石品种	混凝土强度等级	碎石压碎值指标(%)
沉积岩	C60~C40	≤10
	≤C35	≤16
变质岩或深成的火成岩	C60~C40	≤12
	≤C35	≤20
喷出的火成岩	C60~C40	≤13
	≤C35	≤30

注：沉积岩包括石灰岩、砂岩等；变质岩包括片麻岩、石英岩等；深成的火成岩包括花岗岩、正长岩、闪长岩和橄榄岩等；喷出的火成岩包括玄武岩和辉绿岩等。

4) 卵石的强度可用压碎值指标表示，其压碎值指标宜符合表 2-18 的规定。

卵石的压碎值指标　　　　　　　**表 2-18**

混凝土强度等级	C60~C40	≤C35
压碎值指标(%)	≤12	≤16

(6) 碎石或卵石的坚固性应用硫酸钠溶液法检验，试样经 5 次循环后，其质量损失应符合表 2-19 的规定。

碎石或卵石的坚固性指标　　　　　　　**表 2-19**

混凝土所处的环境条件及其性能要求	5 次循环后的质量损失(%)
在严寒及寒冷地区室外使用，并经常处于潮湿或干湿交替状态下的混凝土；有腐蚀性介质作用或经常处于水位变化区的地下结构或有抗疲劳、耐磨、抗冲击等要求的混凝土	≤8
在其他条件下使用的混凝土	≤12

(7) 当碎石或卵石中含有颗粒状硫酸盐或硫化物杂质时，应进行专门检验，确认能满足混凝土耐久性要求后，方可采用。碎石或卵石中的硫化物和硫酸盐含量以及卵石中有机物等有害物质含量，应符合表 2-20 要求。

23

建筑用石中的有害物质含量	表 2-20
项　目	质　量　要　求
硫化物及硫酸盐含量（折算成 SO_3，按质量计，%）	≤1.0
卵石中有机物含量（用比色法试验）	颜色应不深于标准色。当颜色深于标准色时，应配置成混凝土进行强度对比试验，抗压强度比应不低于 0.95

（8）碱活性检验

1）对于长期处于潮湿环境的重要结构混凝土，其所使用的碎石或卵石应进行碱活性检验。

2）当判定骨料存在碱—碳酸盐反应危害时，不宜用作混凝土骨料；否则，应通过专门的混凝土试验，做最后评定。

3）当判定骨料存在潜在碱—硅反应危害时，应控制混凝土中的碱含量不超过 $3kg/m^3$，或采用能抑制碱—骨料反应的有效措施。

（9）现场拌制混凝土前，应测定石含水率，并根据测试结果调整材料用量，提出施工配合比。

（10）除筛分析外，当其余检测项目存在不合格项时，应加倍取样进行复验。当复验仍有一项不满足标准要求时，应按不合格品处理。

2.4　混凝土外加剂

2.4.1　概述

混凝土外加剂按其主要使用功能分为四类：

1）改善混凝土拌合物流变性能的外加剂，包括各种减水剂和泵送剂等；

2）调节混凝土凝结时间、硬化性能的外加剂，包括缓凝剂、促凝剂和速凝剂等；

3）改善混凝土耐久性的外加剂，包括引气剂、防水剂、阻锈剂和矿物外加剂等；

4）改善混凝土其他性能的外加剂，包括膨胀剂、防冻剂、着色剂等。

2.4.2 检测依据

《混凝土外加剂》GB 8076—2008

《混凝土外加剂应用技术规范》GB 50119—2013

2.4.3 检测内容和使用要求

（1）检测内容

外加剂进入工地后应立即取代表性样品进行检测，符合要求方可入库使用。常用外加剂的检测项目见表 2-21。

外加剂检测项目表　　　　　表 2-21

产　品	检　测　项　目
普通（高效）减水剂、聚羧酸系高性能减水剂	pH 值、密度（或细度）、减水率、含固量（或含水率）
早强型普通减水剂、早强型聚羧酸系高性能减水剂	pH 值、密度（或细度）、减水率、含固量（或含水率）、1d 抗压强度比
缓凝型普通（高效）减水剂、缓凝型聚羧酸系高性能减水剂	pH 值、密度（或细度）、减水率、含固量（或含水率）、凝结时间差
引气剂、引气剂减水剂	pH 值、密度（或细度）、含气量、含气量经时损失、减水率（引气剂减水剂）、含固量（或含水率）
缓凝剂	含固量（或含水率）、密度（或细度）、混凝土凝结时间时间差
早强剂	密度（或细度）、含固量（或含水率）、1d 抗压强度比、碱含量、氯离子含量
防冻剂	密度（或细度）、含固量（或含水率）、碱含量和含气量、氯离子含量、减水率（复合类防冻剂）
泵送剂	pH 值、密度（或细度）、含固量（或含水率）、减水率、坍落度 1h 经时变化值
防水剂	密度（或细度）、含固量（或含水率）
速凝剂	密度（或细度）、水泥净浆初凝和终凝时间
膨胀剂	水中 7d 限制膨胀率、细度
阻锈剂	pH 值、密度（或细度）、含固量（或含水率）

（2）使用要求

1）严禁使用对人体产生危害、对环境产生污染的外加剂。

2）外加剂的掺量应按供货单位推荐掺量、使用要求、施工条件、混凝土原材料等因素通过试验确定。

3）不同品种外加剂复合使用时，应注意其相容性及对混凝土性能的影响，使用前应进行试验，满足要求方可使用。

4）外加剂应按不同供货单位、不同品种、不同牌号分别存放，标识应清楚。

5）粉状外加剂应防止受潮结块，如有结块，经性能检验合格后应粉碎至全部通过 0.63mm 筛后方可使用。液体外加剂应放置阴凉干燥处，防止日晒、受冻、污染、进水或蒸发，如有沉淀等现象，经性能检验合格后方可使用。

2.4.4 取样要求

（1）普通减水剂、高效减水剂、聚羧酸系高性能减水剂、引气减水剂、早强剂、泵送剂、速凝剂、防水剂、阻锈剂

同一供方、同一品种按每 50t 为一检验批，不足 50t 者应按一检验批计。每一检验批取样数量不少于 0.2t 胶凝材料所需用的外加剂量，取样时应充分混匀。

（2）引气剂

同一供方、同一品种按每 10t 为一检验批，不足 10t 者应按一检验批计。每一检验批取样数量不少于 0.2t 胶凝材料所需用的外加剂量，取样时应充分混匀。

（3）缓凝剂

同一供方、同一品种按每 20t 为一检验批，不足 20t 者应按一检验批计。每一检验批取样数量不少于 0.2t 胶凝材料所需用的外加剂量，取样时应充分混匀。

（4）防冻剂

同一供方、同一品种按每 100t 为一检验批，不足 100t 者应按一检验批计。每一检验批取样数量不少于 0.2t 胶凝材料所需用的外加剂量，取样时应充分混匀。

（5）膨胀剂

同一供方、同一品种按每 200t 为一检验批，不足 200t 者应按一检验批计。每一检验批取样数量不少于 10kg，取样时应充分混匀。

（6）对于液体外加剂，可将所取样品装入洁净、干燥、未受污染的容器中；对于粉状外加剂，可放入密闭塑料袋中。

2.4.5 技术要求

（1）匀质性技术指标见表 2-22。

匀质性技术指标 表 2-22

项目	技术指标
pH 值	应在生产厂控制范围内
细度	应在生产厂控制范围内
总碱量	应在生产厂控制范围内
氯离子含量	应在生产厂控制范围内
密度(g/cm^3)	$D>1.1$ 时，应控制在 $D\pm0.03$ $D\leqslant1.1$ 时，应控制在 $D\pm0.02$
含固量(%)	$S>25$% 时，应控制在 $0.95S\sim1.05S$ $S\leqslant25$% 时，应控制在 $0.90S\sim1.10S$
备注	1. 生产厂应在相关的技术资料中明示产品匀质性指标的控制值； 2. 对相同和不同批次之间的匀质性和等效性的其他要求，可由供需双方商定； 3. 表中 S、D 分别为含固量和密度的生产厂控制值

（2）混凝土减水率指标见表 2-23。

混凝土减水率技术指标 表 2-23

外加剂品种	技术指标(%)
高性能减水剂	$\geqslant25$
高效减水剂	$\geqslant14$
普通减水剂	$\geqslant8$

外加剂品种	技术指标(%)
引气减水剂	≥10
泵送剂	≥12
引气剂	≥6

（3）引气剂、引气剂减水剂的含气量应大于等于 3.0%，含气量经时损失为−1.5%～＋1.5%。

（4）缓凝剂、缓凝减水剂及缓凝高效减水剂凝结时间之差应大于＋90min。

（5）抗压强度比技术指标见表 2-24

抗压强度比技术指标 表 2-24

外加剂品种		技术指标(%)
早强型高性能减水剂	1d	≥180
	3d	≥170
早强型普通减水剂	1d	≥135
	3d	≥130
早强剂	1d	≥135
	3d	≥130

（6）泵送剂坍落度 1h 经时变化值应不大于 80mm。

（7）膨胀剂水中 7d 限制膨胀率不小于 0.2%。

2.5 粉 煤 灰

2.5.1 概述

在混凝土中应用的粉煤灰按其氧化钙含量或游离氧化钙含量分为低钙粉煤灰和高钙粉煤灰两种；按是否复合和掺加其他材料又分为低钙粉煤灰、高钙粉煤灰和复合粉煤灰三种产品。低钙粉煤灰和高钙粉煤灰又分Ⅰ级、Ⅱ级和Ⅲ级三个等级。

2.5.2　检测依据

《用于水泥和混凝土中粉煤灰》GB/T 1596—2005

《粉煤灰混凝土应用技术规范》GB/T 50146—2014

2.5.3　检测内容和使用要求

（1）每批粉煤灰应测定细度、含水量、烧失量、需水量比、安定性，需要时检验三氧化硫、游离氧化钙、碱含量、放射性。

（2）使用要求

1）预应力混凝土宜掺用Ⅰ级F类粉煤灰，掺用Ⅱ级F类粉煤灰时应经过试验论证；其他混凝土宜掺用Ⅰ级、Ⅱ级粉煤灰，掺用Ⅲ级粉煤灰时应经过试验论证。

2）粉煤灰混凝土宜采用硅酸盐水泥和普通硅酸盐水泥配制。采用其他品种的硅酸盐水泥时，应根据水泥中混合材料的品种和掺量，并通过试验确定粉煤灰的合理掺量。

3）粉煤灰与其他掺合料同时掺用时，其合理掺量应通过试验确定。

4）粉煤灰可与各类外加剂同时使用，粉煤灰与外加剂的适应性应通过试验确定。

2.5.4　取样要求

（1）粉煤灰的取样，宜以同一厂家连续供应的200t相同种类、相同等级的粉煤灰为一批，不足200t者按一批计。

（2）取样数量和取样方法

1）散装灰的取样，应从每批10个以上不同部位取等量样品，每份不得少于1.0kg，混合搅拌均匀，用四分法缩取出比试验需要量大一倍的试样。

2）袋装灰的取样，应从每批中任抽10袋，从每袋中各取等量试样一份，每份不应少于1.0kg，混合搅拌均匀，用四分法缩取出比试验需要量大一倍的试样。

3）将所取样品装入密闭塑料袋中，再装入洁净、干燥、未受污染的容器。

2.5.5　技术要求

（1）粉煤灰各项指标应满足表2-25的要求。

项　目		技术要求		
		Ⅰ级	Ⅱ级	Ⅲ级
细度(45μm方孔筛筛余)(%)	F类粉煤灰	≤12.0	≤25.0	≤45.0
	C类粉煤灰			
需水量比(%)	F类粉煤灰	≤95	≤105	≤115
	C类粉煤灰			
烧失量(%)	F类粉煤灰	≤5.0	≤8.0	≤15.0
	C类粉煤灰			
含水量(%)	F类粉煤灰	≤1.0		
	C类粉煤灰			
三氧化硫(%)	F类粉煤灰	≤3.0		
	C类粉煤灰			
游离氧化钙(%)	F类粉煤灰	≤1.0		
	C类粉煤灰	≤4.0		
安定性(mm)	F类粉煤灰	≤5.0		
	C类粉煤灰			

（2）粉煤灰的验收应按批进行。若其中任何一项不符合规定要求，应在同一批中加倍取样进行复检，以复检结果判定。

2.6　钢筋混凝土结构用钢

2.6.1　概述

建筑钢材包括钢筋混凝土结构用钢以及钢结构工程用钢（钢结构用钢将在2.14中介绍）。钢筋混凝土结构用钢包括钢筋、钢丝、钢绞线和钢棒，主要品种有热轧光圆钢筋、热轧带肋钢筋、冷轧带肋钢筋、余热处理钢筋、冷拔低碳钢丝、预应力钢丝和钢绞线、预应力钢棒等。

2.6.2 检测依据

《混凝土结构工程施工质量验收规范》GB 50204—2015

《钢筋混凝土用钢 第 2 部分：热轧带肋钢筋》GB 1499.2—2007

《钢筋混凝土用钢 第 1 部分：热轧光圆钢筋》GB 1499.1—2008

《钢筋混凝土用余热处理钢筋》GB 13014—2013

《碳素结构钢》GB/T 700—2006

《冷轧带肋钢筋》GB 13788—2008

《冷轧带肋钢筋混凝土结构技术规程》JGJ 95—2011

《高延性冷轧带肋钢筋》YB/T 4260—2011

《混凝土结构工程施工规范》GB 50666—2011

《混凝土结构用成型钢筋》JG/T 226—2008

《预应力混凝土用螺纹钢筋》GB/T 20065—2006

《预应力混凝土用钢棒》GB/T 5223.3—2005

《预应力混凝土用钢绞线》GB/T 5224—2014

《无粘结预应力钢绞线》JG 161—2004

《预应力混凝土用钢丝》GB/T 5223—2014

《型钢验收、包装、标志及质量证明书的一般规定》GB/T 2101—2008

《钢丝验收、包装、标志及质量证明书的一般规定》GB/T 2103—2008

《钢及钢产品交货一般技术要求》GB/T 17505—1998

2.6.3 检测内容和使用要求

（1）钢材进场时，应按国家现行相关标准的规定抽取试件作屈服强度、抗拉强度、伸长率、弯曲性能和重量偏差检验，其中，预应力混凝土用钢材进场时，应按国家现行相关标准的规定抽取试件作屈服强度、抗拉强度、规定非比例延伸力、断后伸长率或最大总伸长率检验，检验结果必须符合有关标准的规定。

（2）钢筋调直后应进行力学性能和重量偏差的检验，其强度、断后伸长率和重量负偏差应符合有关标准的规定。

（3）各类钢材检测项目见表 2-26。

钢材检测项目表 表 2-26

序号	钢材品种	检测项目
1	热轧带肋钢筋	拉伸、弯曲、重量偏差
2	钢筋混凝土用热轧光圆钢筋	
3	钢筋混凝土用余热处理钢筋	拉伸、弯曲
4	碳素结构钢	
5	冷轧带肋钢筋	拉伸、弯曲（CRB550、CRB600H）或反复弯曲（CRB650、CRB650H、CRB800、CRB800H、CRB970）、重量偏差
6	调直后钢筋	拉伸、弯曲、重量偏差
7	成型钢筋	拉伸、重量偏差（对由热轧钢筋制成的成型钢筋，当有施工单位或监理单位的代表驻厂监督生产过程，并提供原材钢筋力学性能第三方检验报告时，可仅进行重量偏差检验）
8	预应力混凝土用螺纹钢筋	拉伸（包括屈服强度、抗拉强度、断后伸长率）
9	预应力混凝土用钢棒	拉伸（包括抗拉强度、规定非比例延伸力、最大力总伸长率、断后伸长率）、弯曲或反复弯曲
10	预应力混凝土用钢丝	拉伸（包括抗拉强度、规定非比例延伸力、最大力总伸长率）
11	预应力混凝土用钢绞线	
12	无粘结预应力钢绞线	

注：1. 采用无延伸功能的机械设备调直的钢筋，可不进行调直后的检测。对钢筋调直机械是否有延伸功能的判定，可由施工单位检查并经监理单位确认，当不能判断或对判断结果有争议时，应进行调直后的检测。

2. 拉伸试验包括：屈服强度、抗拉强度、断后伸长率、最大力下总伸长率等，按有关现行标准选择相应检测项目。

3. 无粘结预应力钢绞线进场时，除力学性能外还应进行防腐润滑脂量和护套厚度的检验，检验结果应符合现行行业标准《无粘结预应力钢绞线》JG 161—2004 的规定；经观察认为涂包质量有保证，且有厂家提供的涂包质量检验报告时，可不作此检验。

（4）当钢筋在加工过程中，如发现脆断、焊接性能不良或力学性能显著不正常等现象，应根据现行国家标准对该批钢筋进行化学成分检验或其他专项检验。

（5）对于钢筋伸长率，牌号带"E"的钢筋必须检验最大力下总伸长率。

（6）使用要求

1）国家热轧带肋钢筋、冷轧带肋钢筋、热轧光圆钢筋和预应力混凝土用钢材（钢丝、钢棒、钢绞线）产品实施工业产品生产许可证管理，钢材生产企业必须取得《全国工业产品生产许可证》。获证企业及其产品可通过国家质监总局网站 www. aqsiq. gov. cn 查询。

2）钢筋原材料进场时，施工和监理单位必须进行进场复验，核查产品合格证和出厂检验报告，

3）钢筋加工应在施工现场进行。确需委托外加工的，施工单位要与钢筋加工企业签订书面合同，钢筋加工企业要严格按有关标准进行加工，并对加工后的钢筋质量负责。施工单位要实行外加工钢筋检测制度，建立外加工钢筋进场台账，并按进场批次再次进行见证取样检测，检测不合格的不得投入使用。

4）钢筋宜采用无延伸功能的机械设备进行调直，也可采用冷拉方式调直。当采用冷拉方式调直时，HPB235、HPB300 光圆钢筋的冷拉率不宜大于 4%；HRB335、HRB400、HRB500、HRBF335、HRBF400、HRBF500 及 RRB400 带肋钢筋的冷拉率不宜大于 1%。

2.6.4 取样要求

（1）各类钢材的取样批量和试件数量见表 2-27。

（2）钢筋、成型钢筋、预应力筋进场检验，当满足下列条件之一时，其检验批容量可扩大一倍：

1）获得认证的钢筋、成型钢筋；

2）同一厂家、同一牌号、同一规格的钢筋，连续三批均一次检验合格；

3）同一厂家、同一类型、同一钢筋来源的成型钢筋，连续三批均一次检验合格。

钢材取样批量及试件数量　　　　　　　　表 2-27

钢筋品种	批量	试件数量	备注
热轧带肋钢筋	每批由同一牌号、同一炉罐号、同一规格的钢筋组成。每批重量通常不大于 60t。	每批钢筋 2 个拉伸试样、2 个弯曲试样和 5 个重量偏差试样。	超过 60t 的部分，每增加 40t(或不足 40t 的余数)，增加 1 个拉伸试样、1 个弯曲试样和 5 个重量偏差试样。
热轧光圆钢筋	每批由同一牌号、同一炉罐号、同一尺寸的钢筋组成。每批重量通常不大于 60t。		
余热处理钢筋	每批由同一牌号、同一炉罐号、同一规格、同一余热处理制度的钢筋组成。每批重量不大于 60t。		
碳素结构钢	每批由同一牌号、同一炉罐号、同一质量等级、同一品种、同一尺寸、同一交货状态的钢材组成。每批重量不应大于 60t。	用《碳素结构钢》(GB/T 700—2006)验收的直条钢筋每批 1 个拉伸试样、1 个弯曲试样。	—
冷轧带肋钢筋	按进场同一厂家、同一牌号、同一直径、同一交货状态的钢筋划分检验批。CRB550、CRB600H 每批重量不超过 10t；CRB650、CRB650H、CRB800、CRB800H、CRB970 每批重量不超过 5t，当连续 10 批检验结果均合格，可改为不超过 10t 为一个检验批。	每批随机抽取 3 捆(盘)，每捆(盘)抽取一个试样，3 个试样进行重量偏差检测后，再取其中 2 个试样分别进行拉伸、弯曲(反复弯曲)试验。	—
调直后钢筋	同一加工设备、同一牌号、同一规格的调直钢筋，重量不大于 30t 为一批。	每批钢筋抽取 3 个试样，先进行重量偏差检验，再取其中 2 个试样进行拉伸检验。	—
成型钢筋	同一厂家、同一类型、同一钢筋来源的成型钢筋，不超过 30t 为一批。	每批中每种钢筋牌号、规格均应至少抽取 1 个钢筋试件，总数不应少于 3 个。	—
预应力混凝土用螺纹钢筋	每批由同一炉罐号、同一规格、同一交货状态的组成的钢筋组成，每批重量不大于 60t。	每批随机抽取 2 个拉伸试样。	超过 60t 的部分，每增加 40t(或不足 40t 的余数)，增加 1 个拉伸试样

钢筋品种	批量	试件数量	备注
预应力混凝土用钢棒	每批由同一牌号、同一规格、同一加工状态的钢材组成，每批重量不大于60t。	每批在不同盘中抽取3个拉伸试样。	—
预应力混凝土用钢丝			—
预应力混凝土用钢绞线	每批由同一牌号、同一规格、同一生产工艺捻制的钢绞线组成，每批重量不大于60t。	每批随机抽取3个拉伸试样。	—
无粘结预应力钢绞线	每批由同一钢号、同一规格、同一生产工艺生产的钢绞线组成，每批重量不大于60t。		—

注：热轧带肋钢筋、热轧光圆钢筋及余热处理钢筋允许由同一牌号、同一冶炼方法、同一浇筑方法的不同炉罐号组成混合批，但各炉罐号含碳量之差不大于0.02%，含锰量之差不大于0.15%，混合批的重量不大于60t。

检验批容量只可扩大一次，当扩大检验批后的检验出现一次不合格情况时，应按扩大前的检验批容量重新验收，并不得再次扩大检验批容量。

（3）拉伸试样和弯曲试样长度根据试样直径和所使用的设备确定。日常取样参考长度：预应力钢绞线试样长度1000mm，其他见表2-28。

钢筋试样取样参考长度（单位：mm）　　表2-28

试样直径	拉伸试样长度	弯曲试样长度	重量偏差试样长度
6.5～20	400～450	350～400	≥500
22～32	450～500		

（4）取样方法

1）重量偏差试验的试样应从不同根钢筋上截取，试样切口应平滑且与长度方向垂直；在进行重量偏差检验后，再取其中试件进行拉伸试验、弯曲性能试验，钢筋试样不需作任何加工。

2) 成型钢筋每批抽取的试件应在不同成型钢筋上截取。

2.6.5 技术要求

（1）钢筋混凝土用热轧光圆钢筋（包括热轧直条、盘卷光圆钢筋）的力学性能、工艺性能应满足表 2-29 的要求。

钢筋混凝土用热轧光圆钢筋性能指标 表 2-29

牌号	下屈服强度 R_{eL}(MPa) 不小于	抗拉强度 R_m(MPa) 不小于	断后伸长率 A(%) 不小于	断后伸长率 A_{gt}(%) 不小于	冷弯 180° d-弯芯直径 a-钢筋直径
HPB235	235	370	25.0	10.0	$d=a$
HPB300	300	420			

注：按以上弯芯直径弯曲 180°后，钢筋受弯部位表面不得产生裂纹。

（2）钢筋混凝土用热轧带肋钢筋力学性能、工艺性能应满足表 2-30 的要求。

钢筋混凝土用热轧带肋钢筋性能指标 表 2-30

牌号	公称直径 （mm）	下屈服强度 R_{eL}(MPa) 不小于	抗拉强度 R_m(MPa) 不小于	断后伸长率 A(%) 不小于	冷弯 180° d-弯心直径 a-钢筋直径
HRB335 HRBF335	6~25 28~40 >40~50	335	455	17	$d=3a$ $d=4a$ $d=5a$
HRB400 HRBF400	6~25 28~40 >40~50	400	540	16	$d=4a$ $d=5a$ $d=6a$
HRB500 HRBF500	6~25 28~40 >40~50	500	630	15	$d=6a$ $d=7a$ $d=8a$

注：1. 按以上弯芯直径弯曲 180°后，钢筋受弯部位表面不得产生裂纹。

2. 直径 28mm～40mm 各牌号钢筋的断后伸长率可降低 1%；直径大于 40mm 各牌号钢筋的断后伸长率可降低 2%。

3. 有较高要求的抗震结构适用牌号为在表中已有牌号后加 E（例如：HRB400E）的钢筋。该类钢筋除满足表 2-30 的要求外，其他要求与相对应的已有牌号的钢筋相同。

（3）钢筋混凝土用余热处理钢筋力学性能、工艺性能应满足表 2-31 的要求。

钢筋混凝土用余热处理钢筋性能指标　　　　表 2-31

牌号	公称直径 (mm)	R_{eL}(MPa) 不小于	R_m(MPa) 不小于	A(%) 不小于	A_{gt}(%) 不小于	冷弯 d-弯心直径 a-钢筋直径
RRB400	8～25 32～50	400	540	14	5.0	$d=4a$ $d=5a$
RRB500	8～25 32～50	500	630	13	5.0	$d=6a$ —
RRB400W	8～25 28～40	430	570	16	7.5	$d=4a$ $d=5a$

注：1. 时效后检验结果。

　　2. 直径 28～40mm 各牌号钢筋的断后伸长率 A 可降低 1%。直径大于 40mm 各牌号钢筋的断后伸长率可降低 2%。

　　3. 对于没有明显屈服强度的钢，屈服强度特征值 R_{eL} 应采用规定非比例延伸强度 $R_{p0.2}$。

（4）按《碳素结构钢》GB/T 700—2006 验收的直条钢筋力学性能应满足表 2-32 的要求。

碳素结构钢性能指标　　　　表 2-32

级别	牌号	直径 (mm)	上屈服强度 R_{eH}(MPa) 不小于	抗拉强度 R_m(MPa)	伸长率 A(%) 不小于	冷弯 180° d-弯心直径 a-钢筋直径
A	Q235	>16～40	≥225	375～500	≥25	$d=a$

（5）冷轧带肋钢筋力学性能应满足表 2-33 的要求。

冷轧带肋钢筋性能指标　　　　表 2-33

牌号	$R_{p0.2}$(MPa) 不小于	R_m(MPa) 不小于	伸长率不小于(%) $A_{11.3}$	伸长率不小于(%) A_{100}	弯曲试验 180°	反复弯曲 次数
CRB550	550	550	8.0	—	$d=3d$	—
CRB600H	520	600	14.0	—	$d=3d$	

牌号	$R_{p0.2}$(MPa) 不小于	R_m(MPa) 不小于	伸长率不小于(%) $A_{11.3}$	伸长率不小于(%) A_{100}	弯曲试验 180°	反复弯曲 次数
CRB650	585	650	—	4.0	—	3
CRB650H	585	650	—	7.0	—	4
CRB800	720	800	—	4.0	—	3
CRB800H	720	800	—	7.0	—	4
CRB970	875	970	—	4.0	—	3

注：1. 冷轧带肋钢筋的强屈比 $R_m/R_{p0.2}$ 比值应不小于 1.03。

2. 高延性冷轧带肋钢筋（牌号带"H"）的强屈比 $R_m/R_{p0.2}$ 比值应不小于 1.05。

（6）预应力混凝土用螺纹钢筋力学性能应满足表 2-34 的要求。

预应力混凝土用螺纹钢筋　　　　　表 2-34

级别	屈服强度 R_{eL}(MPa)不小于	抗拉强度 R_m(MPa) 不小于	断后伸长率 A(%)不小于
PSB785	785	980	7
PSB830	830	1030	6
PSB930	930	1080	6
PSB1080	1080	1230	6

注：1. 无明显屈服时，用规定非比例延伸强度 $R_{p0.2}$ 代替。

（7）预应力混凝土用钢棒力学性能应满足表 2-35 的要求。

预应力混凝土用钢棒　　　　　表 2-35

抗拉强度 R_m 不小于(MPa)	规定非比例延伸强度 $R_{p0.2}$ 不小于(MPa)
1080	930
1230	1080
1420	1280
1570	1420

（8）预应力混凝土用钢丝力学性能应满足表 2-36 的要求。

预应力混凝土用钢丝   表 2-36

公称直径 d_m (mm)	公称抗拉强度 R_m (MPa)≥	0.2%屈服力 $F_{p0.2}$ (kN)≥	最大力总伸长率 A_{gt} (%)≥
5	1570	27.12	
	1860	32.13	
7	1570	53.16	3.5
9	1470	82.07	
	1570	87.89	

（9）预应力混凝土用钢绞线及无粘结预应力钢绞线力学性能应满足表 2-37 的要求。

预应力混凝土用钢绞线及无粘结预应力钢绞线   表 2-37

种类	公称直径 d_m (mm)	公称抗拉强度 R_m (MPa)≥	0.2%屈服力 $F_{p0.2}$ (kN)≥	最大力总伸长率 A_{gt} (%)≥
1×3 (三股)	8.60	1570	52.1	
	10.80		81.4	
	12.90		117	
	8.60	1860	61.7	
	10.80		96.8	
	12.90		139	
	8.60	1960	65.0	
	10.80		101	
	12.90		146	3.5
1×7 (三股)	9.50	1720	83.0	
	12.70		150	
	15.20		212	
	17.80		288	
	9.50	1860	89.8	
	12.70		162	
	15.20	1960	229	

种类	公称直径 d_m(mm)	公称抗拉强度 R_m(MPa)≥	0.2%屈服力 $F_{p0.2}$(kN)≥	最大力总伸长率 A_{gt}(%)≥
1×7 (三股)	17.80	1860	311	
	9.50	1960	94.2	3.5
	12.70		170	
	15.20		241	
	21.60	1860	466	

（10）盘卷钢筋调直后的强度应满足表2-29、表2-30和表2-31的要求，断后伸长率、重量偏差应符合表2-38的要求。

盘卷钢筋直后的断后伸长率、重量偏差要求   表2-38

钢筋牌号	断后伸长率 A(%)	重量偏差(%)	
		直径 6～2mm	直径 14～16mm
HPB300	≥21	≥-10	—
HRB335、HRBF335	≥16	≥-8	≥-6
HRB400、HRBF400	≥15		
RRB400	≥13		
HRB500、HRBF500	≥14		

（11）对有抗震设防要求的框架结构，其纵向受力钢筋的性能应满足设计要求；当设计无具体要求时，对按一、二、三级抗震等级设计的框架和斜撑构件（含梯段）中的纵向受力钢筋应采用HRB335E、HRB400E、HRB500E、HRBF335E、HRBF400E 或HRBF500E，其强度和最大力下总伸长率的实测值应符合下列规定：

1）钢筋的抗拉强度实测值与屈服强度实测值的比值不应小于1.25；

2）钢筋的屈服强度实测值与强度标准值的比值不应大于1.30；

3）钢筋的最大力下总伸长率不应小于9%。

（12）钢筋首次检测不合格后，应对不合格项目做双倍复验，双倍复验应全部合格。

2.7 钢筋焊接件

2.7.1 概述

钢筋焊接是钢筋连接的一种，其形式多样，常见的有：电阻点焊、闪光对焊、电弧焊、电渣压力焊、气压焊、预埋件埋弧压力焊等等。其中电弧焊又分为：帮条焊（双面焊、单面焊）、搭接焊（双面焊、单面焊）、熔槽帮条焊、坡口焊（平焊、立焊）、钢筋与钢板搭接焊、窄间隙焊、预埋件电弧焊（角焊、穿孔塞焊）等。

2.7.2 检测依据

《混凝土结构工程施工质量验收规范》GB 50204—2015

《钢筋焊接及验收规程》JGJ 18—2012

2.7.3 检测内容和使用要求

（1）检测内容

1）钢筋焊接接头的力学性能、弯曲性能应符合国家现行相关标准的规定。接头试件应从工程实体中截取。

2）闪光对焊接头每批应进行拉伸和弯曲检测，异径钢筋接头可只做拉伸试验。

3）气压焊接头在柱、墙竖向钢筋连接中，每批应做拉伸试验，在梁、板的水平钢筋连接中，应另增加弯曲试验。在同一批中，异径钢筋气压焊接头可只做拉伸试验。

4）箍筋闪光对焊接头、电弧焊接头、电渣压力焊接头、预埋件钢筋 T 型接头每批应做拉伸试验。

（2）使用要求

1）在钢筋工程焊接开工之前，参与该项工程施焊的焊工必须进行现场条件下的焊接工艺试验，应经试验合格后，方准予焊接生产。试验结果应符合质量检验与验收时的要求。

2）电渣压力焊适用于柱、墙等构筑物现浇混凝土结构中竖向受力钢筋连接；不得在竖向焊接后横置于梁、板等构件中作水平钢筋用。

3）从事钢筋焊接施工的焊工必须持有焊工考试合格证，才能上岗操作。

4）施焊的各种钢筋、钢板均应有质量证明书；焊条、焊丝、氧气、溶解乙炔、液化石油气、二氧化碳气体、焊剂应有产品合格证。

5）钢筋进场时，应按国家现行相关标准的规定抽取试件并作力学性能和重量偏差检验，检验结果必须符合国家现行有关标准的规定。

6）各种焊接材料应分类存放、妥善管理；应采取防止锈蚀、受潮变质的措施。

2.7.4　取样要求

（1）样品要求

力学性能检验时，应在接头外观检查合格后随机抽取试件进行试验。

1）闪光对焊接头外观检查结果，应符合下列要求：

① 对焊接头表面应呈圆滑、带毛刺状，不得有肉眼可见的裂纹；

② 与电极接触处的钢筋表面不得有明显烧伤；

③ 接头处的弯折角不得大于2°；

④ 接头处的轴线偏移不得大于钢筋直径的 1/10，且不得大于 1mm。

2）电弧焊接头外观检查结果，应符合下列要求：

① 焊缝表面应平整，不得有凹陷或焊瘤；

② 焊接接头区域不得有肉眼可见的裂纹；

③ 咬边深度、气孔、夹渣等缺陷允许值及接头尺寸的允许偏差，应符合相应的规定；

④ 焊缝余高应为 2～4mm。

3）电渣压力焊接头外观检查结果，应符合下列要求：

① 四周焊包凸出钢筋表面的高度，当钢筋直径为 25mm 及以下时，不得小于 4mm；当钢筋直径为 28mm 及以上时，不得小于 6mm；

② 钢筋与电极接触处，应无烧伤缺陷；

③ 接头处的弯折角不得大于 2°；

④ 接头处的轴线偏移不得大于 1mm。

4）气压焊接头外观检查结果，应符合下列要求：

① 接头处的轴线偏移 e 不得大于钢筋直径的 1/10，且不得大于 1mm；当不同直径钢筋焊接时，应按较小钢筋直径计算；当大于上述规定值，但在钢筋直径的 3/10 时，可加热矫正；当大于 3/10 时，应切除重焊；

② 接头处的弯折角不得大于 2°；当大于规定值时，应重新加热矫正；

③ 固态气压焊接头镦粗直径 d 不得小于钢筋直径的 1.4 倍，熔态气压焊接头镦粗直径不得小于钢筋直径的 1.2 倍；当小于上述规定值时，应重新加热镦粗；

④ 镦粗长度 l 不得小于钢筋直径的 1.0 倍，且凸起部分平缓圆滑；当小于上述规定值时，应重新加热镦长；

⑤ 接头处表面不得有肉眼可见的裂纹。

5）预埋件钢筋 T 形接头外观检查结果，应符合下列要求：

① 焊条电弧焊时，角焊缝焊脚尺寸（k）应符合相应规定；

② 埋弧压力焊或埋弧螺柱焊时，四周焊包凸出钢筋表面的高度，当钢筋直径为 18mm 及以下时，不得小于 3mm；当钢筋直径为 20mm 及以上时，不得小于 4mm；

③ 焊缝表面不得有气孔、夹渣和肉眼可见裂纹；

④ 钢筋咬边深度不得超过 0.5mm；

⑤ 钢筋相对钢板的直角偏差不得大于 2°。

6）箍筋闪光对焊外观检查结果，应符合下列要求：

① 对焊接头表面应呈圆滑、带毛刺状，不得有肉眼可见的裂纹；

② 与电极接触处的钢筋表面不得有明显烧伤；

③ 对焊接头所在直线边的顺直度检测结果凹凸不得大于 5mm；

④ 轴线偏移不得大于钢筋直径的 1/10，且不得大于 1mm。

⑤ 对焊箍筋外皮尺寸应符合设计图纸的规定，允许偏差应为±5mm。

（2）取样批量、试件数量和方法

1）闪光对焊接头

在同一台班内，由同一焊工完成的 300 个同牌号、同直径钢筋焊接接头作为一批。当同一台班内焊接的接头数量较少，可在一周之内累计计算；累计不足 300 个接头时，应按一批计算。

应从每批接头中随机切取 6 个接头，其中 3 个做拉伸试验，3 个做弯曲试验。

异径钢筋接头可只做拉伸试验。

2）电弧焊接头

在现浇混凝土结构中，应以 300 个同牌号钢筋、同形式接头作为一批；在房屋结构中，应在不超过连续二楼层中 300 个同牌号钢筋、同形式接头作为一批。每批随机切取 3 个接头，做拉伸试验。

在装配式结构中，可按生产条件制作模拟试件，每批 3 个，做拉伸试验。

钢筋与钢板电弧搭接焊接头可只进行外观检查。

在同一批中若有 3 种不同直径的钢筋焊接接头，应在最大直径钢筋接头和最小直径钢筋接头中切取 3 个试件进行拉伸试验。

当模拟试件试验结果不符合要求时，应进行复验。复验应从现场焊接接头中切取，其数量和要求与初始试验时相同。

3）电渣压力焊接头

在现浇钢筋混凝土结构中，应以 300 个同牌号钢筋接头作为一批；在房屋结构中，应在不超过连续二楼层中 300 个同牌号钢筋接头作为一批；当不足 300 个接头时，仍应作为一批。每批随机切取 3 个接头做拉伸试验。

在同一批中若有 3 种不同直径的钢筋焊接接头，应在最大直径钢筋接头和最小直径钢筋接头中切取 3 个试件进行拉伸试验。

4）气压焊接头

在现浇钢筋混凝土结构中，应以 300 个同牌号钢筋接头作为一批；在房屋结构中，应在不超过连续二楼层中 300 个同牌号钢筋接头作为一批；当不足 300 个接头时，仍应作为一批。

在柱、墙的竖向钢筋连接中，应从每批接头中随机切取 3 个接头做拉伸试验；在梁、板的水平钢筋连接中，应另切取 3 个接头做弯曲试验。

在同一批中若有 3 种不同直径的钢筋焊接接头，应在最大直径钢筋接头和最小直径钢筋接头中切取 3 个试件进行拉伸试验。

在同一批中，异径钢筋气压焊接头可只做拉伸试验。

5）箍筋闪光对焊接头

在同一台班内，由同一焊工完成的 600 个同牌号、同直径箍筋闪光对焊接头作为一批。如超出 600 个接头，其超出部分可以与下一台班完成接头累计计算。

应从每批接头中随机切取 3 个接头做拉伸试验。

6）预埋件钢筋 T 形接头

以 300 个同类型预埋件作为一批。一周内连续焊接时，可累计计算。当不足 300 个时，亦应按一批计算。

应从每批预埋件中随机切取 3 个接头做拉伸试验，试件的钢筋长度应大于或等于 200mm，钢板（锚板）的长度和宽度应等于 60mm，并视钢筋直径的增大而适当增大。

（3）试件长度

拉伸和弯曲试件长度根据钢筋直径和所使用的设备确定。日常取样参考长度见表 2-39。

焊接试样取样参考长度（单位：mm）　表 2-39

闪光对焊、电渣压力焊、气压焊拉伸试样长度	电弧焊拉伸试样长度	T 形预埋件	弯曲试样长度
400～450	450～550	≥200	350～400

2.7.5　技术要求

（1）钢筋闪光对焊接头、电弧焊接头、电渣压力焊接头、气

45

压焊接头、箍筋闪光对焊接头、预埋件钢筋 T 形接头的拉伸试验结果符合下列条件之一，应评定该检验批接头拉伸试验合格：

1）3 个试件均断于母材，呈延性断裂，其抗拉强度大于或等于钢筋母材抗拉强度标准值。

2）2 个试件断于钢筋母材，呈延性断裂，其抗拉强度大于或等于钢筋母材抗拉强度标准值；另一试件断于焊缝，呈脆性断裂，其抗拉强度大于或等于钢筋母材抗拉强度标准值的 1.0 倍。

试件断于热影响区，呈延性断裂，应视为与断于钢筋母材等同；试件断于热影响区，呈脆性断裂，应视为与断于焊缝等同。

（2）符合下列条件之一，应进行复验：

1）2 个试件断于钢筋母材，呈延性断裂，其抗拉强度大于或等于钢筋母材抗拉强度标准值；另一试件断于焊缝，或热影响区，呈脆性断裂，其抗拉强度小于钢筋母材抗拉强度标准值的 1.0 倍。

2）1 个试件断于钢筋母材，呈延性断裂，其抗拉强度大于或等于钢筋母材抗拉强度标准值；另 2 个试件断于焊缝或热影响区，呈脆性断裂。

（3）三个试件均断于焊缝，呈脆性断裂，其抗拉强度均大于或等于钢筋母材抗拉强度标准值的 1.0 倍，应进行复验。当 3 个试件中有 1 个试件抗拉强度小于钢筋母材抗拉强度标准值的 1.0 倍，应评定该检验批接头拉伸试验不合格。

（4）复验时，应切取 6 个试件进行试验。试验结果，若有 4 个或 4 个以上试件断于钢筋母材，呈延性断裂，其抗拉强度大于或等于钢筋母材抗拉强度标准值，另 2 个或 2 个以下试件断于焊缝，呈脆性断裂，其抗拉强度大于或等于钢筋母材抗拉强度标准值的 1.0 倍，应评定该检验批接头拉伸试验复验合格。

（5）可焊接余热处理钢筋 RRB400W 焊接接头拉伸试验结果，其抗拉强度应符合同级别热轧带肋钢筋抗拉强度标准值 540MPa 的规定。

（6）预埋件钢筋 T 形接头拉伸试验结果，3 个试件的抗拉强度均大于或等于表 2-40 的规定值时，应评定该检验批接头拉伸试验合格。若有一个接头试件抗拉强度小于表 2-40 的规定值，应进行复验。

复验时，应切取 6 个试件进行试验。复验结果，其抗拉强度均大于或等于表 2-40 的规定值时，应评定该检验批接头拉伸试验复验合格。

预埋件钢筋 T 形接头抗拉强度规定值　　　　　表 2-40

钢筋牌号	抗拉强度规定值（MPa）
HPB300	400
HRB335、HRBF335	435
HRB400、HRBF400	520
HRB500、HRBF500	610
RRB400W	520

（7）钢筋闪光对焊接头、气压焊接头进行弯曲试验时，应从每一个检验批接头中随机切取 3 个接头，焊缝应处于弯曲中心点，弯心直径和弯曲角度应符合表 2-41 的规定。

接头弯曲试验指标　　　　　表 2-41

钢筋牌号	弯心直径	弯曲角度（°）
HPB300	$2d$	90
HRB335、HRBF335	$4d$	90
HRB400、HRBF400、RRB400W	$5d$	90
HRB500、HRBF500	$7d$	90

注：1. d 为钢筋直径（mm）；
　　2. 直径大于 25mm 的钢筋焊接接头，弯心直径应增加 1 倍钢筋直径。

弯曲试验结果应按下列规定进行评定：

1）当试验结果，弯曲至 90°，有 2 个或 3 个试件外侧（含焊缝和热影响区）未发生宽度达到 0.5mm 的裂纹，应评定该检验批接头弯曲试验合格。

2）有 2 个试件发生宽度达到 0.5mm 的裂纹，应进行复验。

3）有 3 个试件发生宽度达到 0.5mm 的裂纹，应评定该检验批接头弯曲试验不合格。

4）复验时，应切取 6 个试件进行试验。复验结果，当不超过 2 个试件发生宽度达到 0.5mm 的裂纹时，应评定该检验批接头弯曲试验复验合格。

2.8 钢筋机械连接件

2.8.1 概述

钢筋机械连接也是钢筋连接的一种，是指通过钢筋与连接件的机械咬合作用或钢筋端面的承压作用，将一根钢筋中的力传递至另一根钢筋的连接方法。

钢筋机械连接接头性能根据抗拉强度、残余变形以及高应力和大变形条件下反复拉压性能的差异分为Ⅰ级、Ⅱ级、Ⅲ级三个性能等级。

常见的钢筋机械连接接头有：

（1）套筒挤压接头，即通过挤压力使连接件钢套筒塑性变形与带肋钢筋紧密咬合形成的接头。

（2）锥螺纹接头，即通过钢筋端头特制的锥形螺纹和连接件锥螺纹咬合形成的接头。

（3）镦粗直螺纹接头，即通过钢筋端头镦粗后制作的直螺纹和连接件螺纹咬合形成的接头。

（4）滚轧直螺纹接头，即通过钢筋端头直接滚轧或剥肋后滚轧制作的直螺纹和连接件螺纹咬合形成的接头。

2.8.2 检测依据

《混凝土结构工程施工质量验收规范》GB 50204—2015

《钢筋机械连接技术规程》JGJ 107—2010

2.8.3 检测内容和使用要求

（1）接头工艺检验应进行抗拉强度、残余变形试验；接头现场检验应进行抗拉强度试验。

（2）使用要求

混凝土结构中接头等级的选定应符合下列规定：

1）混凝土结构中要求充分发挥钢筋强度或对延性要求高的部位应优先选用Ⅱ级接头。当在同一连接区段内必须实施100%钢筋接头的连接时，应采用Ⅰ级接头。

2）混凝土结构中钢筋应力较高但对延性要求不高的部位可采用Ⅲ级接头。

2.8.4 取样要求

（1）取样批量、试件数量和方法

1）工艺检验：钢筋连接工程开始前及施工过程中，应对不同钢筋生产厂的进场钢筋进行接头工艺检验；施工过程中，更换钢筋生产厂时，应补充进行工艺检验。工艺检验每种规格钢筋的接头试件不应少于3根。

2）现场检验：接头的现场检验按检验批进行，同一施工条件下采用同一批材料的同等级、同形式、同规格接头，以500个为一个验收批进行验收，不足500个也作为一个验收批。对接头的每一验收批，必须在工程结构中随机截取3个接头试件作抗拉强度试验，按设计要求的接头等级进行评定。

3）现场检验连续10个验收批抽样试件抗拉强度1次合格率为100%时，验收批接头数量可以扩大1倍。

（2）拉伸试件长度根据试样直径和所使用的设备确定，通常取450～500mm。

2.8.5 技术要求

（1）工艺检验

1）每根试件的抗拉强度应符合以下要求：

Ⅰ级——接头抗拉强度不小于被连接钢筋实际拉断强度或1.10倍钢筋抗拉强度标准值。

Ⅱ级——接头抗拉强度不小于被连接钢筋抗拉强度标准值。

Ⅲ级——接头抗拉强度不小于被连接钢筋屈服强度标准值的1.25倍。

2）3根接头试件的残余变形的平均值均应符合表 2-42 的规定。

接头的变形性能　　　　　　　　　　表 2-42

接头等级		Ⅰ级	Ⅱ级	Ⅲ级
单向拉伸	残余变形 （mm）	$U_0 \leqslant 0.10(d \leqslant 32)$ $U_0 \leqslant 0.14(d > 32)$	$U_0 \leqslant 0.14(d \leqslant 32)$ $U_0 \leqslant 0.16(d > 32)$	$U_0 \leqslant 0.14(d \leqslant 32)$ $U_0 \leqslant 0.16(d > 32)$
	最大力总伸 长率（%）	$A_{sgt} \geqslant 6.0$	$A_{sgt} \geqslant 6.0$	$A_{sgt} \geqslant 3.0$
高应力反 复拉压	残余变形 （mm）	$U_{20} \leqslant 0.3$	$U_{20} \leqslant 0.3$	$U_{20} \leqslant 0.3$
大变形反 复拉压	残余变形 （mm）	$U_4 \leqslant 0.3$ 且 $U_8 \leqslant 0.6$	$U_4 \leqslant 0.3$ 且 $U_8 \leqslant 0.6$	$U_4 \leqslant 0.6$

3）第一次工艺检验中 1 根试件抗拉强度或 3 根试件的残余变形平均值不合格时，允许再抽 3 根试件进行复检，复检仍不合格时判为工艺检验不合格。

（2）现场检验

1）当 3 个接头试件的抗拉强度均符合 2.8.5.1 工艺检验中相应等级的强度要求时，该验收批应评为合格。如有 1 个试件的抗拉强度不符合要求，应再取 6 个试件进行复检。复检中仍有 1 个试件的抗拉强度不符合要求，则该验收批应评为不合格。

2）现场截取抽样试件后，原接头位置的钢筋可采用同等规格的钢筋进行搭接连接，或采用焊接及机械连接方法补接。

3）对抽检不合格的接头检验批，应由设计方会同设计等有关方面研究后提出处理方案。

2.9 混　凝　土

2.9.1 概述

按表观密度，混凝土可分为重混凝土、普通混凝土、轻混凝土等；按采用胶凝材料的不同，混凝土可分为水泥混凝土、石膏混凝土、沥青混凝土、聚合物水泥混凝土、水玻璃混凝土等；按生产工艺和施工方法，可分为泵送混凝土、喷射混凝土、压力混凝土、离心混凝土、碾压混凝土等；按使用功能，可分为结构混凝土、水工混凝土、道路混凝土、特种混凝土等；按拌合方式，混凝土分为自拌混凝土和预拌混凝土。

2.9.2 检测依据

《混凝土结构工程施工质量验收规范》GB 50204—2015

《地下防水工程质量验收规范》GB 50208—2011

《建筑地面工程施工质量验收规范》GB 50209—2010

《人民防空工程施工及验收规范》GB 50134—2004

《混凝土强度检验评定标准》GB/T 50107—2010

《预拌混凝土》GB/T 14902—2012

《普通混凝土配合比设计规程》JGJ/T 55—2011

2.9.3 检测内容和使用要求

（1）检测内容

1）配合比

混凝土配合比设计应满足混凝土配制强度及其他力学性能、拌合物性能、长期性能和耐久性能的设计要求。

2）强度

检验评定混凝土强度时，应采用28d或设计规定龄期的标准养护试件。

① 立方体抗压强度

立方体抗压强度标准值系指按照标准方法制作养护的边长为150mm的立方体试件，在28d龄期用标准试验方法测得的具有95％保证率的抗压强度。混凝土强度等级应按立方体抗压强度标准值确定，包括C10、C15、C20、C25、C30、C35、C40、C45、C50、C55、C60、C65、C70、C75、C80等15个强度等级。

结构实体混凝土强度应按不同强度等级分别检验，检验方法宜采用同条件养护试件方法；当未取得同条件养护试件强度或同条件养护试件强度不符合要求时，可采用回弹-取芯法进行检验。混凝土强度检验时的等效养护龄期可取日平均温度逐日累计达到 600℃·d 时所对应的龄期，且不应小于 14d。日平均温度为 0℃ 及以下的龄期不计入。对于设计规定标准养护试件验收龄期大于 28d 的大体积混凝土，混凝土实体强度检验的等效养护龄期也应相应按比例延长，如规定龄期为 60d 时，等效养护龄期的度日积为 1200℃·d。

对采用蒸汽法养护的混凝土结构构件，其混凝土试件应先随同结构构件同条件蒸汽养护，再转入标准条件养护共 28d。

结构构件拆模、出池、出厂、吊装、张拉、放张及施工期间临时负荷时的混凝土强度，应根据同条件养护的标准尺寸试件的混凝土强度确定。

② 抗折强度

混凝土抗折强度是指混凝土的抗弯拉强度。混凝土弯拉强度应符合设计要求。

③ 抗渗

混凝土抵抗压力水渗透的性能，称为混凝土的抗水渗透性能。抗水渗透试验所用试件应按现行国家标准《普通混凝土力学性能试验方法标准》GB/T50081—2002 中的规定制作和养护。混凝土抗水渗透性能分为：P4、P6、P8、P10、P12、>P12，6 个等级。混凝土抗水渗透性能应满足设计要求，应按现行行业标准《混凝土耐久性检验评定标准》JGJ/T193—2009 的规定检验评定。有抗渗要求的混凝土抗渗性能应符合设计要求。

④ 混凝土拌合物稠度

对于骨料最大粒径不大于 40mm、坍落度不小于 10mm 的混凝土拌合物以坍落度或坍落扩展度法测定其稠度；对于骨料最大粒径不大于 40mm，维勃稠度在 5～30s 之间的混凝土拌合物以维勃稠度法测试其干硬性。混凝土拌合物稠度应满足施工方案的要求，确保其满足和易性要求。

（2）使用要求

1) 混凝土运输、浇筑及间歇的全部时间不应超过混凝土的初凝时间。同一施工段的混凝土应连续浇筑，并应在底层混凝土初凝之前将上一层混凝土浇筑完毕。当底层混凝土初凝后浇筑上一层混凝土时，应按施工技术方案中对施工缝的要求进行处理。

2) 应在浇筑完毕后的 12h 以内对混凝土加以覆盖并保湿养护。

3) 混凝土浇水养护的时间：对采用硅酸盐水泥、普通硅酸盐水泥或矿渣硅酸盐水泥拌制的混凝土，不得少于 7d；对掺用缓凝型外加剂或有抗渗要求的混凝土，不得少于 14d。

4) 浇水次数应能保持混凝土处于湿润状态；混凝土养护用水应与拌制用水相同。

5) 采用塑料布覆盖养护的混凝土，其敞露的全部表面应覆盖严密，并应保持塑料布内有凝结水。

6) 混凝土强度达到 $1.2N/mm^2$ 前，不得在其上踩踏或安装模板及支架。

2.9.4 取样要求

（1）取样批量及数量

1) 结构混凝土强度

用于检查结构构件混凝土强度的试件，应在混凝土浇筑地点随机抽取，取样与试件留置应符合下列规定：

① 每拌制 100 盘且不超过 100m³ 的同配合比的混凝土，取样不得少于一次。

② 每工作班拌制的同一配合比的混凝土不足 100 盘时，取样不得少于一次。

③ 当一次连续浇筑超过 1000m³ 时，同一配合比的混凝土每 200 m³ 取样不得少于一次。

④ 每一楼层、同一配合比的混凝土，取样不得少于一次。

⑤ 每次取样应至少留置一组（一组为 3 个立方体试件）标准养护试件。

2) 结构混凝土同条件养护试件

对涉及混凝土结构安全的重要部位，应制作、养护、检测混凝土同条件养护试件。同条件养护试件的留置组数，并符合下列要求：

① 同条件养护试件所对应的结构构件或结构部位，应由施工、监理等各方共同选定，且同条件养护试件的取样宜均匀分布于工程施工周期内；

② 同条件养护试件应在混凝土浇筑入模处见证取样；

③ 同条件养护试件应留置在靠近相应结构构件的适当位置，并应采取相同的养护方法；

④ 同一强度等级的同条件养护试件不宜少于 10 组，且不应少有 3 组。每连续两层楼取样不应少于 1 组；每 2000m³ 取样不得少于 1 组。

3）建筑地面工程水泥混凝土强度

检验同一施工批次、同一配合比水泥混凝土强度的试块，应按每一层（或检验批）建筑地面工程不应小于 1 组。当每一层（或检验批）建筑地面工程面积大于 1000m² 时，每增加 1000m² 应增做 1 组试块；小于 1000m² 按 1000m² 计算，取样 1 组；检验同一施工批次、同一配合比的散水、明沟、踏步、台阶、坡道的水泥混凝土强度的试块，应按每 150 延长米不少于 1 组。

4）粉煤灰混凝土强度

对于非大体积粉煤灰混凝土每拌制 100m³，至少成型一组试块；大体积粉煤灰混凝土每拌制 500m³，至少成型一组试块。不足上列规定数量时，每班至少成型一组试块。

5）人民防空工程混凝土强度

人民防空工程浇筑混凝土时，应按下列规定制作试块：

① 口部、防护密闭段应各制作一组试块。

② 每浇筑 100m³ 混凝土应制作一组试块。

③ 变更水泥品种或混凝土配合比时，应分别制作试块。

6）混凝土抗渗

对有抗渗要求的混凝土结构，其混凝土试件应在浇筑地点随机取样。同一工程、同一配合比的混凝土，取样不应少于一次，留置组数可根据实际需要确定。

地下防水工程中防水混凝土抗渗试件应在浇筑地点制作。连续浇筑混凝土每 $500m^3$ 应留置一组标准养护抗渗试件（一组为 6 个抗渗试件），且每项工程不得少于两组。采用预拌混凝土的抗渗试件，留置组数应视结构的规模和要求而定。

7）预拌混凝土

用于交货检验的预拌混凝土试样应在交货地点采取。交货检验的混凝土试样的采取及坍落度试验应在混凝土运送到交货地点时开始算起 20min 内完成，强度试件的制作应在 40min 内完成。强度和坍落度试样的取样频率应符合结构混凝土强度试件取样的要求。

每个试样应随机地从一盘或一运输车中抽取；混凝土试样应在卸料过程中卸料量的 1/4 至 3/4 之间采取。每个试样量应满足混凝土质量检验项目所需用量的 1.5 倍，且不宜少于 $0.02m^3$。

8）结构混凝土拌合物稠度

混凝土拌合物稠度应满足施工方案的要求。检查数量：同 1）结构混凝土强度。

（2）试件尺寸

1）普通混凝土立方体抗压强度试块为正立方体，试块尺寸按表 2-43 采用，每组 3 块。

混凝土抗压强度试块允许最小尺寸 表 2-43

骨料最大颗粒直径(mm)	试块尺寸(mm)
31.5	100×100×100（非标准试块）
40	150×150×150（标准试块）
60	200×200×200（非标准试块）

特殊情况下，可采用 $\phi150mm \times 300mm$ 的圆柱体标准试件或 $\phi100mm \times 200mm$ 和 $\phi200mm \times 400mm$ 的圆柱体非标准试件。

2）普通混凝土抗折（即抗弯拉）强度试验，采用边长为

150mm×150mm×600mm（或 550mm）的棱柱体试件作为标准试件，每组 3 块。采用边长为 100mm×100mm×400mm 的棱柱体试件为非标准试件。

3）普通混凝土抗渗试件采用顶面直径为 175mm，底面直径为 185mm，高度为 150mm 的圆台体，每组 6 块，试块在移入标准养护室以前，应用钢丝刷将顶面的水泥薄膜刷去。

4）试模应符合表 2-44 的规定。应定期对试模进行自检，自检周期宜为三个月。

试模的主要技术指标 表 2-44

部件名称	技术指标
试模内部尺寸	不应大于公称尺寸的 0.2%，且不大于 1mm
试模相邻两面之间的夹角	90°±0.2°
试模内表面平面度	每 100mm 不应大于 0.04mm
组装试模连接面的缝隙	不应大于 0.1mm

（3）试件制作

1）在制作试件前应检查试模尺寸并符合表 2-44 的要求，试模内表面应涂一薄层矿物油或其他不与混凝土发生反应的脱模剂。

2）根据混凝土拌合物的稠度确定混凝土成型方法，坍落度不大于 70mm 的混凝土宜用振动振实；大于 70mm 的宜用捣棒人工捣实。检验现浇混凝土或预制构件的混凝土，试件成型方法宜与实际采用的方法相同。

3）试件用振动台振实制作试件时，混凝土拌合物应一次装入试模，装料时应用抹刀沿试模壁插捣，并使混凝土拌合物高出试模口。振动时试模不得有任何跳动，振动应持续到混凝土表面出浆为止，不得过振。

4）用人工插捣制作试件时，混凝土拌合物应分两层装入试模，每层装料厚度应大致相等。插捣按螺旋方向从边缘向中心均匀进行。在插捣底层混凝土时，捣棒（长 600mm，直径 16mm，端部磨圆）应达到试模底部，插捣上层时，捣棒应贯穿上层后插入下层 20～30mm。插捣时振捣棒应保持垂直，不得倾斜，然后用抹刀沿试模内壁插拔数次。

每层的插捣次数按在 10000mm^2 截面积内不得少于 12 次。插捣后应用橡皮锤轻轻敲击试模四周，直至插捣棒留下的空洞消失为止。

5）用插入式振捣棒振实制作试件应将混凝土拌合物一次装入试模，装料时应用抹刀沿各试模壁插捣，并使混凝土拌合物高出试模口。宜用直径为 ϕ25mm 的插入式振捣棒，插入试模振捣时，振捣棒距试模底板 10～20mm 且不得触及试模底板，振动应持续到表面出浆为止，且应避免过振，以防止混凝土离析。一般振捣时间为 20s。振捣棒拔出时要缓慢，拔出后不得留有孔洞。

6）刮除试模上口多余的混凝土，待混凝土临近初凝时，用抹刀抹平。

7）试件应有清晰的、不易脱落的唯一性标识。标识应包括制作日期、工程部位、设计强度和组号等信息。

8）试件成型后应立即用不透水的薄膜覆盖表面。采用标准养护的试件，应在 20℃±5℃ 的环境中静置一昼夜至二昼夜，然后编号、拆模。拆模后应立即放入温度为 20℃±2℃，相对湿度为 95% 以上标准养护室内养护，或在温度为 20℃±2℃ 的不流动 Ca（OH）$_2$ 饱和溶液中养护。标准养护室内的试件应放在支架上，彼此间隔 10～20mm，试件表面应保持潮湿，并不得被水直接冲淋。标准养护龄期为 28d（从搅拌加水开始计时）。

同条件养护试件的拆模时间可与实际构件的拆模时间相同，拆模后，试件仍需保持同条件养护。施工单位应使用日平均温度进行温度累计，当日平均温度无实测值时，可采用当地天气预报的最高温、最低温的平均值。

（4）坍落度及坍落度扩展度值

1）湿润坍落度筒及底板，在坍落度筒内壁和底板上应无明水。底板应放置在坚实水平面上，并把筒放在底板中心，然后用脚踩住两边的脚踏板，坍落度筒在装料时应保持固定的位置。

2）将按要求取得的混凝土试样用小铲分三层均匀地装入筒内，使捣实后每层高度约为筒高的 1/3 左右。每层用捣棒插捣 25 次。插捣应沿螺旋方向由外向中心进行，各次插捣应在截面上均匀分布。插捣筒边混凝土时，捣棒可稍稍倾斜。插底层时，捣棒应贯穿整个深度，插捣第二层和顶层时，捣棒应插透本层至下一层的表面。浇灌顶层时，混凝土应灌到高出筒口。插捣过程中，如混凝土沉落到低于筒口，则应随时添加。顶层插捣完后，应刮去多余混凝土，并用抹刀抹平。

3）清除筒边底板上混凝土后，垂直而平稳地上提起坍落度筒，坍落度筒的提离过程应在 5～10s 内完成。从开始装料到提坍落度筒的整个过程应不间断地进行，并应在 150s 内完成。

4）提起坍落度筒后，测量筒高与坍落后混凝土试体最高点之间的高度差，即为该混凝土拌合物的坍落度值。坍落度筒提离后，如混凝土发生崩坍或一边剪坏现象，则应重新取样另行测定。如第二次试验仍出现上述现象，则表示该混凝土和易性不好，应记录备查。

5）观察坍落后混凝土试体的黏聚性及保水性。黏聚性的检查方法是用捣棒在已坍落的混凝土锥体侧面轻轻敲打，此时如果锥体逐渐下沉，则表示黏聚性良好；如果锥体倒塌，部分崩裂或出现离析现象，则表示黏聚性不好。保水性以混凝土拌合物稀浆析出的程度来评定，坍落度筒提起后，如有较多稀浆从底部析出，锥体部分的混凝土也因失浆而骨料外露，则表明混凝土拌合物的保水性能不好。如坍落度筒提起后无稀浆或仅有少量稀浆自底部析出，则表示此混凝土拌合物保水性良好。

6）当混凝土拌合物的坍落度大于 220mm 时，用钢尺测量混凝土扩展后最终的最大直径和最小直径，在这两个直径之差小于 50mm 的条件下，用其算术平均值作为坍落度扩展值，否则此次试验无效。

如果发现粗骨料在中央集堆或边缘有水泥浆析出，表示此混凝土拌合物抗离析性不好，应予记录。

7) 混凝土拌合物坍落度和扩展度值以 mm 为单位，测量精确至 1mm，结果表达修约至 5mm。

2.9.5 技术要求

(1) 混凝土强度根据《混凝土强度检验评定标准》GB/T 50107—2010 规定进行评定，划入同一检验批混凝土，其施工持续时间不宜超过 3 个月：

1) 当连续生产的混凝土，生产条件在较长时间内保持一致，且同一品种、同一强度等级混凝土的强度变异性保持稳定时，应按以下规定进行评定：

一个检验批的样本容量应为连续的 3 组试件，其强度应同时符合下列规定：

$$m_{f_{cu}} \geq f_{cu,k} + 0.7\sigma_0 \tag{2-1}$$

$$f_{cu,\min} \geq f_{cu,k} - 0.7\sigma_0 \tag{2-2}$$

检验批混凝土立方体抗压强度的标准差按下式计算：

$$\sigma_0 = \sqrt{\frac{\sum\limits_{i=1}^{n} f_{cu,i}^2 - nm_{f_{cu}}^2}{n-1}} \tag{2-3}$$

当混凝土强度等级不高于 C20 时，其强度的最小值尚应满足下式要求：

$$f_{cu,\min} \geq 0.85 f_{cu,k} \tag{2-4}$$

当混凝土强度等级高于 C20 时，其强度的最小值尚应满足下式要求：

$$f_{cu,\min} \geq 0.90 f_{cu,k} \tag{2-5}$$

式中　$m_{f_{cu}}$——同一验收批混凝土立方体抗压强度的平均值（N/mm²），精确到 0.1（N/mm²）；

　　　$f_{cu,k}$——混凝土立方体抗压强度标准值（N/mm²），精确到 0.1（N/mm²）；

　　　$f_{cu,i}$——前一个检验期内同一品种、同一强度等级的第 i

组混凝土试件的立方体抗压强度代表值（N/mm²），精确到 0.1（N/mm²）；该检验期不应少于 60d，也不得大于 90d；

σ_0——检验批混凝土立方体抗压强度的标准差（N/mm²），精确到 0.01（N/mm²）；当检验批混凝土强度标准差 σ_0 计算值小于 2.5N/mm² 时，应取 2.5N/mm²；

n——前一检验期内的样本容量，在该期间内样本容量不应少于 45；

$f_{cu,min}$——同一验收批混凝土立方体抗压强度的最小值（N/mm²），精确到 0.1（N/mm²）。

2）当样品容量不少于 10 组时，其强度应同时满足下列要求：

$$m_{f_{cu}} \geqslant \lambda_1 s_{fcu} + f_{cu,k} \qquad (2\text{-}6)$$

$$f_{cu,min} \geqslant \lambda_2 f_{cu,k} \qquad (2\text{-}7)$$

同一检验批混凝土立方体抗压强度的标准差应按下式计算：

$$s_{f_{cu}} = \sqrt{\frac{\sum\limits_{I=1}^{n} f_{cu,i}^2 - nm_{f_{cu}}^2}{n-1}} \qquad (2\text{-}8)$$

式中：$s_{f_{cu}}$——同一检验批混凝土立方体抗压强度的标准差（N/mm²），精确到 0.01（N/mm²）；当检验批混凝土强度标准差 $s_{f_{cu}}$ 计算值小于 2.5N/mm² 时，应取 2.5N/mm²；

λ_1，λ_2——合格评定系数，按表 2-45 取用；

n——本检验期内的样本容量。

混凝土强度的合格评定系数   表 2-45

试件组数	10～14	15～19	≥20
λ_1	1.15	1.05	0.95
λ_2	0.90	0.85	

3）用非统计方法评定

当用于评定的样本容量小于 10 组时，应采用非统计方法评定混凝土强度。

按非统计方法评定混凝土强度时，其强度应同时符合下列规定：

$$m_{f_{cu}} \geqslant \lambda_3 f_{cu,k} \qquad (2\text{-}9)$$

$$f_{cu,\min} \geqslant \lambda_4 f_{cu,k} \qquad (2\text{-}10)$$

式中：λ_3、λ_4——合格评定系数，应按表 2-46 取用。

混凝土强度的非统计法合格评定系数　　　表 2-46

混凝土强度等级	<C60	≥C60
λ_3	1.15	1.10
λ_4	0.95	

4）当检验结果能满足 1）、2）、3）条的规定时，则该批混凝土强度应评定为合格；当不能满足上述规定时，该批混凝土强度评定为不合格。

5）对评定为不合格批的混凝土，可按国家现行的有关标准进行处理。

（2）抗渗

混凝土的抗渗强度等级以每组 6 个试件中 4 个试件未出现渗水时的最大水压力计算，其结果应满足设计的抗渗等级。

（3）坍落度及坍落度扩展度值

坍落度及坍落度扩展度值应满足相应的设计要求。

2.9.6　检测不合格处理

当施工中或验收时出现混凝土强度试块缺乏代表性或试块数量不足、对混凝土强度试块的试验结果有怀疑或有争议、混凝土强度试块的检测结果不能满足设计要求，且同一验收批混凝土强度评定不合格的，可采用非破损或局部破损的检测方法，按国家现行有关标准的规定对结构构件中的混凝土强度进行推定，作为处理依据。

2.10 建筑砂浆

2.10.1 概述

建筑砂浆根据用途分为砌筑砂浆、抹灰砂浆、防水砂浆及特种砂浆等。根据拌合方式的不同，建筑砂浆分为现场配制砂浆和预拌砂浆。根据生产方式的不同，预拌砂浆分为湿拌砂浆和干混砂浆。

2.10.2 检测依据

《砌体结构工程施工质量验收规范》GB 50203—2011

《砌体结构设计规范》GB 50003—2011

《地下防水工程质量验收规范》GB 50208—2011

《建筑地面工程施工质量验收规范》GB 50209—2010

《建筑装饰装修工程质量验收规范》GB 50210—2001

《砌筑砂浆配合比设计规程》JGJ/T 98—2010

《预拌砂浆》GB/T 25181—2010

《建筑砂浆基本性能试验方法标准》JGJ/T 70—2009

《预拌砂浆应用技术规程》JGJ/T 223—2010

《抹灰砂浆技术规程》JGJ/T 220—2010

2.10.3 检测内容和使用要求

（1）检测内容

1）现场配制的砌筑砂浆、抹灰砂浆和地面砂浆应通过试配确定配合比。当砂浆的组成材料有变更时，其配合比应重新确定。

2）干混砂浆进场时，应按表 2-47 的规定进行进场检验。

干混砂浆进场检测项目 表 2-47

砂浆品种		代号	检测项目
干混砌筑砂浆	普通砌筑砂浆	DM	保水性、抗压强度
	薄层砌筑砂浆		保水性、抗压强度

砂浆品种		代号	检测项目
干混抹灰砂浆	普通抹灰砂浆	DP	保水性、抗压强度、拉伸粘结强度
	薄层抹灰砂浆		保水性、抗压强度、拉伸粘结强度
干混地面砂浆		DS	保水性、抗压强度
干混普通防水砂浆		DW	保水性、抗压强度、抗渗压力、拉伸粘结强度
聚合物水泥防水砂浆		DWS	凝结时间、耐碱性、耐热性
界面砂浆		DIT	14d 常温常态拉伸粘结强度
陶瓷砖粘结砂浆		DTA	常温常态拉伸粘结强度、晾置时间

3）砌筑砂浆、抹灰砂浆和地面砂浆现场施工时应制作砂浆强度试块，试块制作按 2.10.4（3）的要求进行。

砂浆强度分为 M30、M25、M20、M15、M10、M7.5、M5 等等级，以标准养护、龄期为 28d 的试块抗压试验结果为准，砂浆强度应满足设计要求。

4）砌筑砂浆、抹灰砂浆和地面砂浆的施工稠度应满足 2.10.5（3）的要求，砂浆稠度检测按 2.10.4（4）的要求进行。

砂浆稠度指砂浆在自重或外力作用下流动的性能，用砂浆稠度仪测定，以沉入度（mm）表示。沉入度越大，流动性越好。对砂浆稠度进行检测，以达到控制用水量的目的，确保其满足和易性要求。

（2）使用要求

1）砌筑砂浆应采用机械搅拌，搅拌时间自投料完起算应符合下列规定：

① 水泥砂浆和水泥混合砂浆不得少于 120s；

② 水泥粉煤灰砂浆和掺用外加剂的砂浆不得少于 180s；

③ 掺增塑剂的砂浆，其搅拌方式、搅拌时间应符合《砌筑砂浆增塑剂》JG/T 164—2004 的有关规定。

④ 干混砂浆及加气混凝土砌块专用砂浆宜按掺用外加剂的砂浆确定搅拌时间或按产品说明书采用。

2）现场拌制的砂浆应随拌随用，拌制的砂浆应在3h内使用完毕；当施工期间最高气温超过30℃时，应在2h内使用完毕。预拌砂浆及蒸压加气混凝土砌块专用砂浆的使用时间应按照厂房提供的说明书确定。

3）预拌砂浆进场时应进行外观检验，并符合下列规定：

①湿拌砂浆应外观均匀，无离析、泌水现象。

②散装干混砂浆应外观均匀，无结块、受潮现象。

③袋装干混砂浆应包装完整，无受潮现象。

4）施工现场宜配备湿拌砂浆储存容器，并符合下列规定：

①储存容器应密闭、不吸水。

②储存容器的数量、容量应满足砂浆品种、供货量的要求。

③储存容器使用时，内部应无杂物、无明水；

④储存容器应便于储运、清洗和砂浆存取。

⑤砂浆存取时，应有防雨措施。

⑥储存容器应采取遮阳、保温等措施。

5）不同品种、强度等级的湿拌砂浆应分别存放在不同的储存容器中，并应对储存容器进行标识，标识内容应包括砂浆的品种、强度等级和使用时限等。砂浆应先存先用。

6）湿拌砂浆在储存及使用过程中不应加水。砂浆存放过程中，当出现少量泌水时，应拌合均匀后使用。砂浆用完后，应立即清理其储存容器。

7）湿拌砂浆储存地点的环境温度宜为5～35℃。

8）不同品种的散装干混砂浆应分别储存在散装移动筒仓中，不得混存混用，并应对筒仓进行标识。筒仓数量应满足砂浆品种及施工要求。更换砂浆品种时，筒仓应清空。

9）筒仓应符合《干混砂浆散装移动筒仓》SB/T 10461—2008的规定，并应在现场安装牢固。

10）袋装干混砂浆应储存在干燥、通风、防潮、不受雨淋的场所，并应按品种、批号分别堆放，不得混堆混用，且应先存先用。配套组分中的有机类材料应储存在阴凉、干燥、通风、远离火和热源的场所，不应露天存放和曝晒，储存环境温度应为5～35℃。

11）散装干混砂浆在储存及使用过程中，当对砂浆质量的均匀性有疑问或争议时，应检验其均匀性。

12）干混砂浆应按产品说明书的要求加水或其他配套组分拌合，不得添加其他成分。

13）干混砂浆拌合水应符合《混凝土拌合用水标准》JGJ 63—2006 中对混凝土拌合用水的规定。

14）干混砂浆应采用机械搅拌，搅拌时间应符合产品说明书的要求外，尚应符合下列规定：

① 采用连续式搅拌器搅拌时，应搅拌均匀，并应使砂浆拌合物均匀稳定。

② 采用手持式电动搅拌器搅拌时，应先在容器中加入规定量的水或配套液体，再加入干混砂浆搅拌，搅拌时间宜为 3～5min，且应搅拌均匀。应按产品说明书的要求静停后再拌合均匀。

③ 搅拌结束后，应及时清洗搅拌设备。

15）砂浆拌合物应在砂浆可操作时间内用完，且满足工程施工的需要。

16）当砂浆拌合物出现少量泌水时，应拌合均匀后使用。

2.10.4　取样要求

（1）干混砂浆进场检验取样批量见表 2-48。

干混砂浆进场检测取样批量　　　表 2-48

砂浆品种		检测批量
干混砌筑砂浆	普通砌筑砂浆	同一生产厂家、同一品种、同一等级、同一批号且连续进场的干混砂浆，每 500t 为一个检验批，不足 500t 时，应按一个检验批计
	薄层砌筑砂浆	
干混抹灰砂浆	普通抹灰砂浆	
	薄层抹灰砂浆	
干混地面砂浆		
干混普通防水砂浆		

砂浆品种	检测批量
聚合物水泥防水砂浆	同一生产厂家、同一品种、同一批号且连续进场的砂浆,每 50t 为一个检验批,不足 50t 时,应按一个检验批计
界面砂浆	同一生产厂家、同一品种、同一批号且连续进场的砂浆,每 30t 为一个检验批,不足 30t 时,应按一个检验批计
陶瓷砖粘结砂浆	同一生产厂家、同一品种、同一批号且连续进场的砂浆,每 50t 为一个检验批,不足 50t 时,应按一个检验批计

（2）砂浆强度试块取样批量、数量、方法

1）砌筑砂浆强度（依据《砌体结构工程施工质量验收规范》GB 50203—2011）

每一检验批且不超过 250m³ 砌体的各类、各强度等级的普通砌筑砂浆,每台搅拌机应至少抽检一次。验收批的预拌砂浆、蒸压加气混凝土砌块专用砂浆,抽检可为 3 组。在砂浆搅拌机出料口或在湿拌砂浆的储存容器出料口随机取样制作砂浆试块（现场拌制的砂浆,同盘砂浆只应作 1 组试块）,试块标养 28d 后作强度试验。

2）建筑地面工程砂浆强度（依据《建筑地面工程施工质量验收规范》GB 50209—2010）

检验同一施工批次、同一配合比水泥砂浆强度的试块,应按每一层（或检验批）建筑地面工程不应小于 1 组。当每一层（或检验批）建筑地面工程面积大于 1000m² 时,每增加 1000m² 应增做 1 组试块;小于 1000m² 按 1000m² 计算,取样 1 组;检验同一施工批次、同一配合比的散水、明沟、踏步、台阶、坡道的水泥砂浆强度的试块,应按每 150 延长米不少于 1 组。

3）抹灰砂浆（依据《抹灰砂浆技术规程》JGJ/T 220—2010）

相同砂浆品种、强度等级、施工工艺的室外抹灰工程,每

1000m² 应划分为一个检验批，不足 1000m² 的，也应划分为一个检验批。相同砂浆品种、强度等级、施工工艺的室内抹灰工程，每 50 个自然间（大面积房间和走廊按抹灰面积 30m² 为一间）应划分为一个检验批，不足 50 间的，也应划分为一个检验批。抹灰砂浆抗压强度验收时，同一验收批砂浆试块不应少于 3 组。

砂浆试块应在使用地点或出料口随机取样，砂浆稠度应与实验室稠度一致。砂浆试块的养护条件应与实验室的养护条件相同。

4）预拌砌筑砂浆（依据《预拌砂浆应用技术规程》JGJ/T 223—2010）

对同品种、同强度等级的预拌砌筑砂浆，湿拌砌筑砂浆应以 50m³ 为一个检验批，干混砌筑砂浆应以 100t 为一个检验批；不足一个检验批的数量时，应按一个检验批计。每检验批应至少留置 1 组抗压强度试块。

砌筑砂浆取样时，干混砌筑砂浆宜从搅拌机出料口、湿拌砌筑砂浆宜从运输车出料口或储存容器随机取样。

5）当改变配合比时，亦应相应地制作试块组数。

（3）砂浆强度试件的制作及养护

1）一组砂浆试块为 3 块 70.7mm×70.7mm×70.7mm 立方体试件。

2）试模为 70.7mm×70.7mm×70.7mm 立方体带底试模，符合《混凝土试模》JG 237—2008 的规定，并具有足够的刚度并拆装方便。试模的内表面应机械加工，其不平度应为每 100mm 不超过 0.05mm。组装后各相邻面的不垂直度不应超过±0.5°。

3）砂浆拌合物取样后，应尽快进行试验。现场取来的试样，在试验前应经人工再翻拌，以保证其质量均匀。

4）应采用黄油等密封材料涂抹试模的外接缝，试模内应涂刷薄层机油或脱模剂。应将拌制好的砂浆一次性装满砂浆试模，成型方法应根据稠度而确定。当稠度大于 50mm 时，宜采用人工振捣成型，当稠度不大于 50mm 时采用振动台振实成型。

① 人工振捣：应采用捣棒均匀地由边缘向中心按螺旋方式插捣 25 次，插捣过程中如砂浆沉落低于试模口时，应随时添加砂浆，可用油灰刀插捣数次，并用手将试模一边抬高 5～10mm 各振动 5 次，砂浆应高出试模顶面 6～8mm。

② 机械振动：将砂浆一次装满试模，放置到振动台上，振动时试模不得跳动，振动 5～10s 或持续到表面出浆为止；不得过振。

5）应待表面水分稍干后，再将高出试模部分的砂浆沿试模顶面刮去并抹平。

6）当砂浆表面出现麻斑时（约 15～30min），将高出部分的砂浆沿试模顶面削去抹平。

7）试件应有清晰的、不易脱落的唯一性标识。标识应包括制作日期、工程部位、设计强度和组号等信息。

8）试件制作后应在室温为（20±5）℃的环境下静置（24±2）h，对试件进行拆模。当气温较低时，或者凝结时间大于 24h 的砂浆，可适当延长时间，但不应超过 2d。试件拆模后应立即放入温度为（20±2）℃，相对湿度为 90％以上的标准养护室中养护。养护期间，试件彼此间隔不小于 10mm，混合砂浆、湿拌砂浆试件上面应覆盖，防止有水滴在试件上。

（4）砂浆稠度试验

使用砂浆稠度仪测定砂浆稠度，稠度试验按下列步骤进行：

1）试样的采取及稠度试验应在砂浆运送到交货地点时开始算起 20min 内完成，试件的制作应在 30min 内完成。砂浆拌合物取样后，应尽快进行试验。现场取来的试样，在试验前应经人工再翻拌，以保证其质量均匀。

2）盛浆容器和试锥表面用湿布擦干净，并用少量润滑油轻擦滑杆，后将滑杆上多余的油用吸油纸擦净，使滑杆能自由滑动。

3）将砂浆拌合物一次装入容器，使砂浆表面低于容器口约 10mm 左右，用捣棒自容器中心向边缘均匀地插捣 25 次，然后轻轻地将容器摇动或敲击 5～6 下，使砂浆表面平整，随后将容器置于稠度测定仪的底座上。

4）拧开试锥滑杆的制动螺丝，向下移动滑杆，当试锥尖端与砂浆表面刚接触时，拧紧制动螺丝，使齿条测杆下端刚接触滑杆上端，并将指针对准零点上。

5）拧开制动螺丝，同时计时间，待 10s 立即固定螺丝，将齿条测杆下端接触滑杆上端，从刻度盘上读出下沉深度（精确至 1mm）即为砂浆的稠度值。

6）圆锥形容器内的砂浆，只允许测定一次稠度，测定时，应重新取样测定之。

7）同盘砂浆稠度试验取两次试验结果的算术平均值作为测定值，并精确至 1mm。当两次试验值之差大于 10mm 时，应重新取样测定。

2.10.5 技术要求

（1）预拌砂浆进场检验结果应符合表 2-49～表 2-54 的要求。

干混砂浆性能指标　　　　表 2-49

项目	干混砌筑砂浆		干混抹灰砂浆		干混地面砂浆	干混普通防水砂浆
保水率(%)	≥88	≥88	≥88	≥88	≥88	≥88
14d 拉伸粘结强度	—	—	M5：≥0.15 >M5：≥0.20	≥0.30	—	≥0.20

干混陶瓷砖粘结砂浆性能指标　　　　表 2-50

项目		性能指标	
		I(室内)	E(室外)
拉伸粘结强度(MPa)	常温状态	≥0.5	≥0.5
	晾置时间,20min	≥0.5	≥0.5

干混界面砂浆性能指标　　　　表 2-51

项目	性能指标			
	C(混凝土界面)	AC(加气混凝土界面)	EPS(模塑聚苯板界面)	XPS(挤塑聚苯板界面)
14d 常温状态拉伸粘结强度	≥0.5	≥0.3	≥0.10	≥0.20

聚合物水泥防水砂浆性能指标 表 2-52

序号	项目		技术指标	
			Ⅰ型	Ⅱ型
1	凝结时间	初凝(min)≥	45	
2		终凝(h)≤	24	
3	耐碱度		无开裂、剥落	
4	耐热度		无开裂、剥落	

干粉砂浆抗压强度 表 2-53

强度等级	M5	N7.5	M10	M15	M20	M25	M30
28d 抗压强度（MPa）	≥5.0	≥7.5	≥10.0	≥15.0	≥20.0	≥25.0	≥30.0

干粉砂浆抗渗压力 表 2-54

抗渗等级	P6	P8	P10
28d 抗渗压力	≥0.6	≥0.8	≥1.0

（2）现场砂浆试块强度

1）砌筑砂浆试块强度

① 同一验收批砂浆试块强度平均值应大于或等于设计强度等级值的 1.10 倍；

② 同一验收批砂浆试块抗压强度的最小一组平均值应大于或等于设计强度等级值的 85%。

注：砌筑砂浆的验收批，同一类型、强度等级的砂浆试块不应少于 3 组；同一验收批砂浆只有 1 组或 2 组试块时，每组试块抗压强度平均值应大于或等于设计强度等级值的 1.10 倍；对于建筑结构的安全等级为一级或设计使用年限为 50 年及以上的房屋，同一验收批砂浆试块的数量不得少于 3 组。制作砂浆试块的砂浆稠度应与配合比设计一致。

2）建筑地面工程砂浆面层强度

砂浆面层的强度等级必须符合设计要求，强度等级不应小于 M15。

3）抹灰砂浆试块强度

抹灰砂浆同一验收批的砂浆试块抗压强度平均值应大于或等于设计强度等级值，且抗压强度最小值应大于或等于设计强度值的 75％。当同一验收批试块少于 3 组时，每组试块抗压强度均应大于或等于设计强度等级值。

（3）稠度

1）砌筑砂浆的稠度应符合表 2-55 的规定。

砌筑砂浆的稠度 表 2-55

砌体种类	砂浆稠度（mm）
烧结普通砖砌体、粉煤灰砖砌体	70～90
混凝土砖砌体、普通混凝土小型空心砌块砌体、灰砂砖砌体	50～70
烧结多孔砖砌体、烧结空心砖砌体、轻集料混凝土小型空心砌块砌体、蒸压加气混凝土砌块砌体	60～80
石砌体	30～50

注：1. 砌筑其他块材时，砌筑砂浆的稠度可根据块材吸水特性及气候条件确定。
　　2. 采用薄层砂浆施工法砌筑蒸压加气混凝土砌块等砌体时，砌筑砂浆稠度可根据产品说明书确定。

2）抹灰砂浆的稠度应符合表 2-56 的规定。

抹灰砂浆的稠度 表 2-56

抹灰层	施工稠度（mm）
底层	90～110
中层	70～90
面层	70～80

注：聚合物水泥砂浆的施工稠度宜为 50～60mm，石膏抹灰砂浆的施工稠度宜为 50～70mm。

3）地面面层砂浆的稠度宜为 50mm±10mm。

4）湿拌砂浆稠度偏差应满足表 2-57 的要求。

湿拌砂浆稠度偏差 表 2-57

规定稠度（mm）	允许偏差（mm）
50、70、90	±10
110	+5；-10

2.10.6 不合格处理

（1）当施工中或验收时出现下列情况，可采用现场检验方法对砂浆和砌体强度进行原位检测或取样检测，并判定其强度：

1）砂浆试块缺乏代表性或试块数量不足；

2）对砂浆试块的试验结果有怀疑或有争议；

3）砂浆试块的试验结果不能满足设计要求；

4）发生工程事故，需要进一步分析事故原因。

（2）当内墙抹灰工程中抗压强度检验不合格时，应在现场对内墙抹灰层进行拉伸粘结强度检测，并应以其检测结果为准。当外墙或顶棚抹灰施工中抗压强度检验不合格时，应对外墙或顶棚抹灰砂浆加倍取样进行抹灰层拉伸粘结强度检测，并应以其检测结果为准。

2.11 砌墙砖和砌块

2.11.1 概述

根据生产方式、主要原料以及外形特征，砌墙砖和砌块可分以下几种：

（1）烧结普通砖

烧结普通砖是以黏土（N）、页岩（Y）、煤矸石（M）、粉煤灰（F）为主要原料经焙烧而成的普通砖。砖的外形为直角六面体，公称尺寸为：长 240mm、宽 115mm、高 53mm。

根据抗压强度分为 MU30、MU25、MU20、MUl5、MU10 五个强度等级。

砖的产品标记按产品名称、类别、强度等级、质量等级和标准编号顺序编写。

（2）烧结多孔砖和多孔砌块

多孔砖和多孔砌块是以黏土、页岩、煤矸石、粉煤灰、江河湖淤泥（U）及其他固体废弃物（G）等为主要原料，经焙烧制成主要用于建筑物承重部位的砖和砌块。砖和砌块的长度、宽度、高度尺寸应符合下列要求：

砖规格尺寸（mm）：290、240、190、180、140、115、90。

砌块规格尺寸（mm）：490、440、390、340、290、240、190、180、140、115、90。

其他规格尺寸由供需双方协商确定。

根据抗压强度分为 MU30、MU25、MU20、MU15、MU10 五个强度等级。

砖和砌块的产品标记按产品名称、品种、规格、强度等级、密度等级和标准编号顺序编写。

（3）烧结空心砖和空心砌块

烧结空心砖和空心砌块是以黏土、页岩、煤矸石、粉煤灰、淤泥（江河湖等淤泥）、建筑渣土及其他固体废弃物为主要原料，经焙烧而成的主要用于建筑物非承重部位的空心砖和空心砌块。

外形为直角六面体，如图 2-3 所示。

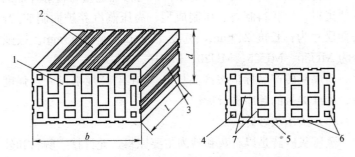

图 2-3　烧结空心砖和空心砌块示意图

l—长度；*b*—宽度；*d*—高度；1—顶面；2—大面；

3—条面；4—壁孔；5—粉刷槽；6—分壁；7—肋

砖和砌块的长度、宽度、高度尺寸应符合下列要求，单位为（mm）：

390、290、240、190、180（175）、140、115、90。

其他规格尺寸由供需双方协商确定。

抗压强度分为 MU10.0、MU7.5、MU5.0、MU3.5，体积

密度分为 800 级、900 级、1000 级、1100 级。

砖和砌块的产品标记按名称、类别、规格、密度等级、强度等级、质量等级和标准编号顺序编写。

（4）普通混凝土小型砌块

普通混凝土小型砌块是以水泥、矿物掺合料、砂、石、水等为原材料，经搅拌、振动成型、养护等工艺制成的小型砌块，包括空心砌块和实心砌块。按砌块的抗压强度分级，见表 2-58。

砌块强度等级　　　　　　　　表 2-58

砌块种类	承重砌块(L)/MPa	非承重砌块(N)/MPa
空心砌块(H)	7.5、10.0、15.0、20.0、25.0	5.0、7.5、10.0
实心砌块(S)	15.0、20.0、25.0、30.0、35.0、40.0	10.0、15.0、20.0

砌块按下列顺序标记：砌块种类、规格尺寸、强度等级（MU）、标准代号。

（5）蒸压粉煤灰砖

以粉煤灰、生石灰为主要原料，可掺加适量石膏等外加剂和其他集料，经胚料制备、压制成型、高压蒸汽养护而制成的砖。公称尺寸为：长度 240mm，宽度 115mm，高度 53mm。按强度分为 MU30、MU25、MU20、MU15、MU10。

粉煤灰砖产品标记按产品代号（AFB）、规格尺寸、强度等级、标准编号的顺序进行标记。

（6）蒸压灰砂砖

蒸压灰砂砖是以石灰和砂为主要原料，允许掺入颜料和外加剂，经坯料制备、压制成型、蒸压养护而成的实心砖。公称尺寸为：长 240mm、宽 115mm、高 53mm。

根据抗压强度和抗折强度，强度级别分为 MU25、MU20、MU15、MU10 级。

灰砂砖产品标记采用产品名称（LSB）、颜色、强度级别、产品等级、标准编号的顺序进行

（7）蒸压加气混凝土砌块

蒸压加气混凝土砌块是以硅质材料和钙质材料为主要原料，

掺加发气剂，经加水搅拌，由化学反应形成空隙，经浇筑成型、预养切割、蒸压养护等工艺过程制成的多孔硅酸盐砌块，具有体积密度小、保温性能好、不燃和可加工性等优点。

砌块按抗压强度和体积密度进行分级。强度级别有：A1.0、A2.0、A2.5、A3.5、A5.0、A7.5、A10.0 七个级别。干密度级别有：B03、B04、B05、B06、B07、B08 六个级别。

砌块按产品名称（ACB）、强度级别、干密度级别、规格尺寸、产品等级、国家标准编号顺序进行标记。

砌块的规格尺寸见表 2-59。如需要其他规格，可由供需双方协商解决。

砌块的规格尺寸 表 2-59

长度 L(mm)	宽度 B(mm)	高度 H(mm)
600	100 120 125 150 180 200 240 250 300	200 240 250 300

（8）非承重混凝土空心砖

以水泥、集料为主要原材料，可掺入外加剂及其他材料、经配料、搅拌、成型、养护制成的空心率不小于 25％，用于非承重结构部位的砖，代号 NHB。空心砖各部位名称见图 2-4。

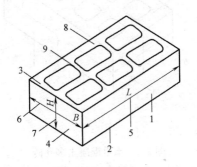

图 2-4 非承重混凝土空心砖
1—条面；2—坐浆面；3—铺浆面；4—顶面；5—长度（L）；
6—宽度（B）；7—高度（H）；8—外壁；9—肋

空心砖的规格尺寸见表2-60。

空心砖规格尺寸　　　　　　　　表 2-60

项目	长度 L(mm)	宽度 B(mm)	高度 H(mm)
尺寸	360、290、240、190、140	240、190、115、90	115、90

注：其他规格尺寸由供需双方协商后确定。采用薄灰缝砌筑的块型，相关尺寸可作相应调整。

抗压强度分为 MU5、MU7.5、MU10 三个强度等级，表观密度可分为 1400、200、1100、1000、900、800、700、600 八个密度等级。

产品标记按代号、规格尺寸、密度等级、强度等级、标准编号顺序编写。

(9) 承重混凝土多孔砖

以水泥、砂、石等为主要原材料，经配料、搅拌、成型、养护制成，用于承重结构的多排孔混凝土砖，代号 LPB。混凝土多孔砖各部位名称见图2-5。

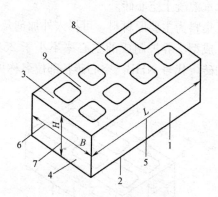

图 2-5　承重混凝土多孔砖

1—条面；2—坐浆面；3—铺浆面；4—顶面；

5—长度（L）；6—宽度（B）；

7—高度（H）；8—外壁；9—肋

混凝土多孔砖的外形为直角六面体，常用砖型的规格尺寸见表 2-61。

多孔砖规格尺寸　　　　　　　　　表 2-61

项目	长度 L(mm)	宽度 B(mm)	高度 H(mm)
尺寸	360、290、240、190、140	240、190、115、90	115、90

注：其他规格尺寸由供需双方协商后确定。采用薄灰缝砌筑的块型，相关尺寸可作相应调整。

抗压强度分为 MU15、MU20、MU25 三个强度等级。

产品标记按代号、规格尺寸、强度等级、标准编号顺序编写。

（10）轻集料混凝土小型空心砌块

指用轻集料混凝土制成的小型空心砌块，多用于非承重结构。主规格尺寸为 390mm×190mm×190mm，其他规格尺寸可由供需双方商定。

按砌块强度分为：2.5、3.5、5.0、7.5、10.0 五级，按砌块密度分为 700、800、900、1000、1100、1200、1300、1400 八级。

轻集料混凝土小型空心砌块（LB）按代号、类别（孔的排数）、密度等级、强度等级、标准编号的顺序进行标记。

2.11.2　检测依据

《砌体结构工程施工质量验收规范》GB 50203—2011

《烧结普通砖》GB 5101—2003

《烧结多孔砖和多孔砌块》GB 13544—2011

《烧结空心砖和空心砌块》GB/T 13545—2014

《普通混凝土小型砌块》GB/T 8239—2014

《蒸压粉煤灰砖》JC/T 239—2014

《蒸压灰砂砖》GB 11945—1999

《蒸压加气混凝土砌块》GB 11968—2006

《非承重混凝土空心砖》GB/T 24492—2009

《承重混凝土多孔砖》GB 25779—2010

《混凝土实心砖》GB/T 21144—2007

《轻集料混凝土小型空心砌块》GB/T 15229—2011

2.11.3 检测内容和使用要求

（1）检测内容

1）烧结普通砖、烧结多孔砖、普通混凝土小型砌块、承重混凝土多孔砖到场后应对抗压强度进行复验。

2）蒸压灰砂砖和粉煤灰砖到场后应对抗压强度和抗折强度进行复验。

3）烧结空心砖和空心砌块、蒸压加气混凝土砌块、轻集料混凝土小型空心砌块、非承重混凝土空心砖到场后应对抗压强度和体积密度进行复验。

（2）使用要求

1）砌体砌筑时，混凝土多孔砖、混凝土实心砖、蒸压灰砂砖、蒸压粉煤灰砖、普通混凝土小型空心砌块、轻集料混凝土小型空心砌块、蒸压加气混凝土砌块等块体的产品龄期不应小于28d。蒸压加气混凝土砌块的含水率宜小于30%。

2）有冻胀环境和条件的地区，地面以下或防潮层以下的砌体，不宜采用多孔砖。

3）不同品种的砖不得在同一楼层混砌。

4）承重墙体使用的小砌块应完整、无破损、无裂缝。

5）烧结空心砖、蒸压加气混凝土砌块、轻集料混凝土小型空心砌块等的运输、装卸过程中，严禁抛掷和倾倒；进场后应按品种、规格堆放整齐，堆置高度不宜超过2m。蒸压加气混凝土砌块在运输及堆放中应防止雨淋。

6）烧结实心黏土砖禁止在城市应用。

2.11.4 取样要求

（1）各类砖的抽检批量和抽样数量详见表2-62。

（2）普通混凝土小型砌块和轻集料混凝土小型空心砌块

1）每一生产厂家，每1万块小砌块至少应抽检一组。用于多层以上建筑基础和底层的小砌块抽检数量不应少于2组。

产品	批量	抽样数量
烧结普通砖	每一生产厂家,每15 万块	从外观质量检验合格的样品中随机抽取,15 块/组
烧结多孔砖和多孔砌块	每一生产厂家,每10 万块	从外观质量检验合格的样品中随机抽取,15 块/组
烧结空心砖	每一生产厂家,每10 万块	从外观质量检验合格的样品中随机抽取,15 块/组
承重混凝土多孔砖	每一生产厂家,每10 万块	从尺寸偏差和外观质量检验合格的样品中随机抽取,8 块/组
非承重混凝土空心砖	每一生产厂家,每10 万块	从尺寸偏差和外观质量检验合格的样品中随机抽取,10 块/组
混凝上实心砖	每一生产厂家,每15 万块	从尺寸偏差和外观质量检验合格的样品中随机抽取,15 块/组
蒸压灰砂砖	每一生产厂家,每10 万块	从尺寸偏差和外观质量检验合格的样品中随机抽取,15 块/组

2）普通混凝土小型空心砌块试样每组为 6 块,轻集料混凝土小型空心砌块试样每组为 10 块。

（3）蒸压加气混凝土砌块

1）同一厂家,同品种、同规格、同等级的砌块,以 1 万块为一批,不足 1 万块亦为一批。

2）每批抽取试样为 6 整块。

2.11.5　技术要求

（1）外观质量和尺寸偏差

1）烧结普通砖的外观质量应符合表 2-63 的要求。

烧结普通砖外观质量要求　　表 2-63

项目		优等品	一等品	合格
两条面高度差	≤	2	3	4
弯曲	≤	2	3	4
杂质凸出高度	≤	2	3	4
缺棱掉角的三个破坏尺寸	不得同时大于	5	20	30

项目		优等品	一等品	合格
裂纹长度 ≤	a. 大面上宽度方向及其延伸至条面长度	30	60	80
	b. 大面上长度方向及其延伸至顶面的长度或条顶面上水平裂纹的长度	50	80	100
完整面	不得少于	二条面和二顶面	一条面和一顶面	
颜色		基本一致	—	—

注：为装饰而施加的色差、凹凸纹、拉毛、压花等不算作缺陷。

凡有下列缺陷之一者，不得称为完整面。

a) 缺损在条面或顶面上造成的破坏面尺寸同时大于 10mm×10mm。

b) 条面或顶面上裂纹宽度大于 1mm，其长度超过 30mm。

c) 压陷、粘底、焦花在条面或顶面上的凹陷或凸出超过 2mm，区域尺寸同时大于 10mm×10mm。

2）烧结多孔砖的外观质量应符合表 2-64 的要求。

烧结多孔砖外观质量要求　　　　　　　　　表 2-64

项　目		指　标
1. 完整面	不得少于	一条面和一顶面
2. 缺棱掉角的三个破坏尺寸	不得同时大于	30
3. 裂缝长度		
a) 大面(有孔面)上深入孔壁 15mm 以上宽度方向及其延伸到条面的长度	不大于	
b) 大面(有孔面)上深入孔壁 15mm 以上长度方向及其延伸到顶面的长度	不大于	80 100
c) 条顶面上的水平裂缝	不大于	100
4. 杂质在砖或砌块面上造成的凸出高度	不大于	5

注：凡有下列缺陷之一者，不能称为完整面：

a) 缺损在条面或顶面上造成的破坏面尺寸同时大于 20mm×30mm；

b) 条面或顶面上裂纹宽度大于 1mm，其长度超过 70mm；

c) 压陷、焦花、粘底在条面或顶面上的凹陷或凸出超过 2mm，区域最大投影尺寸同时大于 20mm×30mm。

3）烧结空心砖和空心砌块的外观质量应符合表 2-65 的要求。

烧结空心砖和空心砌块外观质量要求　　　　表 2-65

项　　目		指　标
1. 弯曲	不大于	4
2. 缺棱掉角的三个破坏尺寸	不得同时大于	30
3. 垂直度差	不大于	4
4. 为贯穿裂纹长度 ①大面上宽度方向及其延伸到条面的长度 ②大面上长度方向或条面上水平面方向的长度	不大于 不大于	100 120
5. 贯穿裂纹长度 ①大面上宽度方向及其延伸到条面的长度 ②壁、肋沿长度方向、宽度方向及其水平方向的长度	不大于 不大于	40 40
6. 肋、壁内残缺长度	不大于	40
7. 完整面*	不少于	一条面或 一大面

注：* 凡有下列缺陷之一者，不能称为完整面：

a）缺损在大面、条面上造成的破坏面尺寸同时大于 20mm×30mm；

b）大面、条面上裂纹宽度大于 1mm，其长度超过 70mm；

c）压陷、粘底、焦花在大面、条面上的凹陷或凸出超过 2mm，区域尺寸同时大于 20mm×30mm。

4）非承重混凝土空心砖的外观质量应符合表 2-66 的要求。

非承重混凝土空心砖外观质量要求　　　　表 2-66

项目名称		技术指标
弯曲(mm)		≤2
掉角缺棱	个数(个)	≤2
	三个方向投影尺寸	均不得大于所在棱边长度的 1/10
裂纹长度(mm)		≤25

5）承重混凝土多孔砖的外观质量应符合表 2-67 的要求。

承重混凝土多孔砖外观质量要求　　　　表 2-67

项目名称		技术指标
弯曲(mm)		≤1
掉角缺棱	个数(个)	≤2
	三个方向投影尺寸的最大值(mm)	≤15
裂纹延伸的投影尺寸累计(mm)		≤20

6）非承重混凝土空心砖和承重混凝土多孔砖的尺寸允许偏差应符合表 2-68 的要求。

非承重混凝土空心砖和承重混凝土多孔砖尺寸允许偏差

表 2-68

项目名称	指标
长度	$+2,-1$
宽度	$+2,-1$
高度	± 2

7）混凝土实心砖的尺寸允许偏差和外观质量应符合表 2-69、表 2-70 的要求。

混凝土实心砖尺寸允许偏差　　　　表 2-69

项目名称	标准值
长度	$-1\sim+2$
宽度	$-2\sim+2$
高度	$-1\sim+2$

混凝土实心砖外观质量要求　　　　表 2-70

项目名称		标准值
成形面高度	不大于	2
弯曲	不大于	2
缺棱掉角的三个方向投影尺寸	不得同时大于	10
裂纹长度的投影尺寸	不大于	20
完整面	不得少于	一条面和一顶面

凡有下列缺陷之一者，不得成为完整面。

1）缺损在条面或顶面上造成的破坏尺寸同时大于 10mm×10mm。

2）条面或顶面上裂纹宽度大于 1mm，其长度超过 30mm。

8）普通混凝土小型砌块的尺寸允许偏差和外观质量应符合表 2-71、表 2-72 的要求。

普通混凝土小型砌块外观质量要求　　　　表 2-71

项目名称		技术指标
弯曲	不大于	2mm
缺棱掉角	个数　　　　　　　　不超过	1个
	三个方向投影尺寸的最大值　不大于	20mm
裂纹延伸的投影尺寸累计	不大于	30mm

普通混凝土小型砌块尺寸允许偏差　　表 2-72

项目名称	技术指标
长度	±2
宽度	±2
高度	+3，−2

注：砌块的尺寸允许偏差，应由企业根据块型特点自行给出。尺寸偏差不应影
　　响垒砌和墙片性能。

9）蒸压粉煤灰砖的外观质量和尺寸偏差应符合表 2-73 的要求。

蒸压粉煤灰砖外观质量和尺寸偏差　　表 2-73

项目名称			技术指标
外观质量	缺棱掉角	个数（个）	≤2
		两个方向投影尺寸的最大值（mm）	≤15
	裂纹	裂纹延伸的投影尺寸累计（mm）	≤20
	层裂		不允许
尺寸偏差	长度（mm）		+2 −1
	宽度（mm）		±2
	高度（mm）		+2 −1

10）蒸压加气混凝土砌块的尺寸偏差和外观应符合表 2-74 的要求

蒸压加气混凝土砌块尺寸偏差和外观　　表 2-74

项目			指标	
			优等品（A）	合格品（B）
尺寸允许偏差（mm）	长度	L	±3	±4
	宽度	B	±1	±2
	高度	H	±1	±2
缺棱掉角	最小尺寸不得大于（mm）		0	30
	最大尺寸不得大于（mm）		0	70
	大于以上尺寸的缺棱掉角个数，不多于（个）		0	2
裂纹长度	贯穿一棱二面的裂纹长度不得大于裂纹所在面的裂纹方向尺寸总和的		0	1/3
	任一面上的裂纹长度不得大于裂纹方向尺寸的		0	1/2
	大于以上尺寸的裂纹条数，不多于（条）		0	2
爆裂、粘膜和损坏深度不得大于（mm）			10	30
平面弯曲			不允许	
表面疏松、层裂			不允许	
表面油污			不允许	

11）轻集料混凝土小型空心砌块的尺寸偏差和外观质量应符合表 2-75 的要求。

轻集料混凝土小型空心砌块的尺寸偏差和外观质量 表 2-75

项目			指标
尺寸偏差(mm)	长度		±3
	宽度		±3
	高度		±3
最小外壁厚(mm)	用于承重墙体	≥	30
	用于非承重墙体	≥	20
肋厚(mm)	用于承重墙体	≥	25
	用于非承重墙体	≥	20
缺棱掉角	个数/块	≤	2
	三个方向投影的最大值(mm) ≤		20
裂缝延伸的累计尺寸(mm)		≤	30

（2）力学性能

1）烧结普通砖的力学性能应符合表 2-76 的要求。

烧结普通砖的力学性能 表 2-76

强度等级	抗压强度平均值 $f \geqslant$(MPa)	变异系数 $\delta \leqslant 0.21$ 强度标准值 $f_k \geqslant$(MPa)	变异系数 $\delta > 0.21$ 单块最小抗压强度值 $f_{min} \geqslant$(MPa)
MU30	30.0	22.0	25.0
MU25	25.0	18.0	22.0
MU20	20.0	14.0	16.0
MU15	15.0	10.0	12.0
MU10	10.0	6.5	7.5

2）烧结多孔砖和多孔砌块的力学性能应符合表 2-77 的要求。

烧结多孔砖和多孔砌块力学性能 表 2-77

强度等级	抗压强度平均值≥	强度标准值≥
MU30	30.0	22.0
MU25	25.0	18.0
MU20	20.0	14.0
MU15	15.0	10.0
MU10	10.0	6.5

3）烧结空心砖和空心砌块的强度等级及密度等级应分别符合表 2-78、表 2-79 要求。

烧空心砖和空心砌块强度等级 表 2-78

强度等级	抗压强度平均值 f≥(MPa)	变异系数 δ≤0.21	变异系数 δ＞0.21
		强度标准值 f_k≥(MPa)	单块最小抗压强度值 f_{min}≥(MPa)
MU10.0	10.0	7.0	8.0
MU7.5	7.5	5.0	5.8
MU5.0	5.0	3.5	4.0
MU3.5	3.5	2.5	2.8

烧结空心砖和空心砌块密度等级 表 2-79

密度等级	五块体积密度平均值(kg/m³)
800	≤800
900	801～900
1000	901～1000
1100	1001～1100

4）普通混凝土小型砌块的强度等级应符合表 2-80 的要求。

普通混凝土小型砌块强度等级 表 2-80

强度等级	抗压强度(MPa)	
	平均值≥	单块最小值≥
MU5.0	5.0	4.0
MU7.5	7.5	6.0
MU10	10.0	8.0
MU15	15.0	12.0
MU20	20.0	16.0

强度等级	抗压强度（MPa）	
	平均值≥	单块最小值≥
MU25	25.0	20.0
MU30	30.0	24.0
MU35	35.0	28.0
MU40	40.0	32.0

5）蒸压粉煤灰砖的强度等级应符合表 2-81 的要求。

蒸压粉煤灰砖强度等级 表 2-81

强度等级	抗压强度（MPa）		抗折强度（MPa）	
	平均值 不小于	单块最小值 不小于	平均值 不小于	单块最小值 不小于
30	30.0	24.0	4.8	3.8
25	25.0	20.0	4.5	3.6
20	20.0	16.0	4.0	3.2
15	15.0	12.0	3.7	3.0
10	10.0	8.0	2.5	2.0

6）蒸压灰砂砖的强度等级应符合表 2-82 的要求。

蒸压灰砂砖强度等级 表 2-82

强度等级	抗压强度（MPa）		抗折强度（MPa）	
	平均值 不小于	单块值 不小于	平均值 不小于	单块值 不小于
MU25	25.0	20.0	5.0	4.0
MU20	20.0	16.0	4.0	3.2
MU15	15.0	12.0	3.3	2.6
MU10	10.0	8.0	2.5	2.0

7）蒸压加气混凝土砌块的强度等级应符合表 2-83～表 2-85 的要求。

砌块的立方体抗压强度　　　　表 2-83

强度级别	立方体抗压强度（MPa）	
	平均值不小于	单块最小值不小于
A1.0	1.0	0.8
A2.0	2.0	1.6
A2.5	2.5	2.0
A3.5	3.5	2.8
A5.0	5.0	4.0
A7.5	7.5	6.0
A10.0	10.0	8.0

砌块的干密度　　　　表 2-84

干密度级别（kg/m³）		B03	B04	B05	B06	B07	B08
干密度	优等品（A）≤	300	400	500	600	700	800
	合格品（B）≤	325	425	525	625	725	825

砌块的强度级别　　　　表 2-85

干密度级别		B03	B04	B05	B06	B07	B08
强度级别	优等品（A）	A1.0	A2.0	A3.5	A5.0	A7.5	A10.0
	合格品（B）			A2.5	A3.5	A5.0	A7.5

8）轻集料混凝土小型空心砌块的强度等级应符合表 2-86 的要求。

轻集料混凝土小型空心砌块强度等级　　　　表 2-86

强度等级	抗压强度（MPa）		密度等级范围（kg/m³）
	平均值≥	最小值≥	
MU2.5	2.5	2.0	≤800
MU3.5	3.5	2.8	≤1000
MU5.0	5.0	4.0	≤1200
MU7.5	7.5	6.0	≤1200[a] ≤1300[b]
MU10.0	10.0	8.0	≤1200[a] ≤1400[b]

注：1. 除自燃煤矸石掺量不小于砌块质量 35% 以外的其他砌块；

　　2. 自燃煤矸石掺量不小于砌块质量 35% 的砌块。

9）非承重混凝土空心砖的强度等级应符合表2-87、表2-88的要求。

非承重混凝土空心砖密度等级　　　　表2-87

密度等级	表观密度范围（kg/m³）	密度等级	表观密度范围（kg/m³）
1400	1210～1400	900	810～900
1200	1110～1200	800	710～800
1100	1010～1100	700	610～700
1000	910～1000	600	510～600

非承重混凝土空心砖强度等级　　　　表2-88

强度等级	密度等级范围	抗压强度（MPa）	
		平均值，不小于	单块最小值，不小于
MU5	≤900	5.0	4.0
MU7.5	≤1100	7.5	6.0
MU10	≤1400	10.0	8.0

10）承重混凝土多孔砖的强度等级应符合表2-89的要求。

承重混凝土多孔砖强度等级　　　　表2-89

强度等级	抗压强度（MPa）	
	平均值不小于	单块最小值不小于
MU15	15.0	12.0
MU20	20.0	16.0
MU25	25.0	20.0

11）混凝土实心砖
混凝土实心砖的强度等级应符合表2-90的要求。

混凝土实心砖强度等级　　　　表2-90

强度等级	抗压强度（MPa）	
	平均值≥	单块最小值≥
MU40	40.0	35.0
MU35	35.0	30.0

强度等级	抗压强度(MPa)	
	平均值≥	单块最小值≥
MU30	30.0	26.0
MU25	25.0	21.0
MU20	20.0	16.0
MU15	15.0	12.0

2.12 防水材料

2.12.1 概述

防水材料按其形状可分为防水卷材、防水涂料和建筑密封材料。

（1）防水卷材

根据主要防水组成材料，防水卷材分为沥青防水卷材、高聚物改性沥青防水卷材、合成高分子防水卷材三种。

1）沥青防水卷材

沥青防水卷材最具代表性的是纸胎石油沥青防水卷材，简称油毡。为克服纸胎沥青油毡耐久性差、抗拉强度低等特点，可用玻璃布等代替纸胎。玻璃布胎沥青油毡是用石油沥青浸涂玻璃纤维织布的两面，再涂或撒隔离材料所制成的以无机纤维为胎体的沥青防水卷材，适用于耐久性、耐蚀性、耐水性要求较高的工程。

2）高聚物改性沥青防水卷材

高聚物改性沥青防水卷材克服了沥青防水卷材的温度稳定性差、延伸率小、难以适应基层开裂及伸缩的缺点，具有高温不流淌、低温不脆裂、拉伸强度较高、延伸率较大等优异性能。有塑性体改性沥青防水卷材（简称 APP 卷材）、弹性体改性沥青防水卷材（简称 SBS 卷材）。

3）合成高分子防水卷材

合成高分子防水卷材具有拉伸强度高、断裂伸长率大、抗撕裂强度高、耐热性能好、低温柔性好、耐腐蚀、耐老化以及可以冷施工等一系列优异性能。合成高分子防水卷材分为三元乙丙橡胶、聚氯乙烯、氯化聚乙烯－橡胶共混、氯磺化聚乙烯、丁基橡胶、氯丁橡胶、聚氯乙烯等多种防水卷材。

（2）防水涂料

根据成膜物质的主要成分，防水涂料分为沥青类防水涂料、高聚物改性沥青防水涂料和合成高分子防水涂料三类；根据涂料介质，防水涂料又可分为乳液型、溶剂型、反应型三类。

（3）建筑密封材料

常用的建筑密封材料（又称嵌缝材料）有改性沥青嵌缝油膏、聚硫橡胶密封膏、硅酮密封膏、丙烯酸酯密封膏、聚氨酯密封膏等。

2.12.2 检验依据

《屋面工程质量验收规范》GB 50207—2012

《地下防水工程质量验收规范》GB 50208—2011

《聚氯乙烯（PVC）防水卷材》GB 12952—2011

《氯化聚乙烯防水卷材》GB 12953—2003

《高分子防水材料 第1部分：片材》GB 18173.1—2012

《高分子防水材料 第2部分：止水带》GB 18173.2—2014

《高分子防水材料 第3部分：遇水膨胀橡胶》GB/T 18173.3—2014

《弹性体改性沥青防水卷材》GB 18242—2008

《塑性体改性沥青防水卷材》GB 18243—2008

《改性沥青聚乙烯胎防水卷材》GB 18967—2009

《自粘聚合物改性沥青防水卷材》GB/T 23441—2009

《氯化聚乙烯-橡胶共混防水卷材》JC/T 684—1997

《沥青复合胎柔性防水卷材》JC/T 690—2008

《三元丁橡胶防水卷材》JC/T 645—2012

《聚氨酯防水涂料》GB/T 19250—2013

《水乳型沥青防水涂料》JC/T 408—2005

《溶剂型橡胶沥青防水涂料》JC/T 852—1999

《聚合物乳液建筑防水涂料》JC/T 864—2008

《聚合物水泥防水涂料》GB/T 23445—2009

《聚氯乙烯建筑防水接缝材料》JC/T 798—1997

《混凝土建筑接缝用密封胶》JC/T 881—2001

《硅酮建筑密封胶》GB/T 14683—2003

《建筑用硅酮结构密封胶》GB 16776—2005

《建筑防水沥青嵌缝油膏》JC/T 207—2011

《聚氨酯建筑密封胶》JC/T 482—2003

《丙烯酸酯建筑密封胶》JC/T 484—2006

2.12.3 检测内容和使用要求

（1）常用防水材料的检测项目见表 2-91。

常用防水材料的检测项目　　　　表 2-91

序号	材料名称	检测项目	使用部位
1	高聚物改性沥青防水卷材	拉力、最大拉力时延伸率、耐热度、低温柔度、不透水性、可溶物含量	屋面
2	合成高分子防水卷材	断裂拉伸强度、扯断伸长率、低温弯折性、不透水性	
3	高聚物改性沥青防水涂料	固体含量、耐热性、低温柔性、不透水性、断裂伸长率或抗裂性	
4	合成高分子防水涂料	固体含量、拉伸强度、断裂伸长率、低温柔性、不透水性	
5	聚合物水泥防水涂料	固体含量、拉伸强度、断裂伸长率、低温柔性、不透水性	
6	胎体增强材料	拉力、延伸率	屋面
7	沥青基防水卷材用基层处理剂	固体含量、耐热性、低温柔性、剥离强度	

序号	材料名称	检测项目	使用部位
8	高分子胶粘剂	剥离强度、浸水 168h 后的剥离强度保持率	屋面
9	改性沥青胶粘剂	剥离强度	
10	合成橡胶胶粘带	剥离强度、浸水 168h 后的剥离强度保持率	
11	改性石油沥青密封材料	耐热性、低温柔性、拉伸粘结性、施工度	
12	合成高分子密封材料	拉伸模量、断裂伸长率、定伸粘结性	
13	高聚物改性沥青防水卷材	拉力、延伸率、耐热老化后低温柔度、低温柔度、不透水性、可溶物含量	地下
14	合成高分子防水卷材	断裂拉伸强度、扯断伸长率、低温弯折性、不透水性、撕裂强度	
15	有机防水涂料	潮湿基面粘结强度、涂膜抗渗性、浸水 168h 后拉伸强度、浸水 168h 后断裂伸长率、耐水性	
16	无机防水涂料	抗折强度、粘结强度、抗渗性	
17	膨润土防水材料	单位面积质量、膨润土膨胀指数、渗透系数、滤失量	
18	混凝土建筑接缝用密封胶	流动性、挤出性、定伸粘结性	
19	橡胶止水带	拉伸强度、扯断伸长率、撕裂强度	
20	腻子形遇水膨胀止水条	硬度、7d 膨胀率、最终膨胀率、耐水性	
21	遇水膨胀止水胶	表干时间、拉伸强度、体积膨胀倍率	
22	弹性橡胶密封垫材料	硬度、伸长率、拉伸强度、压缩永久变形	

序号	材料名称	检测项目	使用部位
23	遇水膨胀橡胶密封垫胶料	硬度、拉伸强度、扯断伸长率、体积膨胀倍率、低温弯折	地下
24	聚合物水泥防水砂浆	7d粘结强度、7d抗渗性、耐水性	

（2）使用要求

1）防水卷材产品实施工业产品生产许可证管理，防水卷材生产企业必须取得《全国工业产品生产许可证》。获证企业及其产品可通过国家质监总局网站 www. aqsiq. gov. cn 查询。

2）焦油型聚氨酯防水涂料、水性聚氯乙烯焦油防水涂料、焦油型聚氯乙烯建筑防水接缝材料禁止用于房屋建筑的防水工程。

3）沥青复合胎柔性防水卷材不得用于防水等级为Ⅰ、Ⅱ级的建筑屋面及各类地下工程防水，在防水等级为Ⅲ级的屋面工程使用时，必须采用三层叠加构成一道防水层；采用二次加热复合成型工艺生产的聚乙烯丙纶等复合防水卷材禁止用于房屋建筑的防水工程。

4）聚乙烯膜层厚度在 0.5mm 以下的聚乙烯丙纶等复合防水卷材不得用于房屋建筑的屋面工程和地下防水工程，除上述限制外，凡在屋面工程和地下防水工程设计中选用聚乙烯丙纶等复合防水卷材时，必须是采用一次成型工艺生产且聚乙烯膜层厚度在 0.5mm 以上（含 0.5mm）的，并应满足屋面工程和地下防水工程技术规范的要求。

5）S型聚氯乙烯防水卷材禁止用于房屋建筑的防水工程。

2. 12. 4 取样要求

常用防水材料的取样要求见表2-92。

常用防水材料的取样要求 表2-92

序号	材料名称	取样数量
1	高聚物改性沥青防水卷材	大于1000卷抽取5卷,每500～1000卷抽取4卷,100～499卷抽取3卷,100卷以下抽取2卷。在外观质量检验合格的卷材中,任取一卷作物理性能检测
2	合成高分子防水卷材	
3	高聚物改性沥青防水涂料	每10t为一批,不足10t按一批抽样
4	合成高分子防水涂料	
5	聚合物水泥防水涂料	
6	胎体增强材料	每3000m²为一批,不足3000m²的按一批抽样
7	沥青基防水卷材用基层处理剂	每5t产品为一批,不足5t按一批抽样
8	高分子胶粘剂	
9	改性沥青胶粘剂	
10	合成橡胶胶粘带	每1000m为一批,不足1000m的按一批抽样
11	改性石油沥青密封材料	每1t产品为一批,不足1t按一批抽样
12	合成高分子密封材料	
13	高聚物改性沥青防水卷材	大于1000卷抽取5卷,每500～1000卷抽取4卷,100～499卷抽取3卷,100卷以下抽取2卷。在外观质量检验合格的卷材中,任取一卷作物理性能检测
14	合成高分子防水卷材	
15	有机防水涂料	每5t为一批,不足5t按一批抽样
16	无机防水涂料	每10t为一批,不足10t按一批抽样
17	膨润土防水材料	每100卷为一批,不足100卷按一批抽样:100卷以下抽取5卷,金星尺寸偏差和外观质量检验。在外观质量检验合格的卷材中,任取一卷作物理性能检测

94

序号	材料名称	取样数量
18	混凝土建筑接缝用密封胶	每 2t 为一批,不足 2t 按一批抽样
19	橡胶止水带	同月同标记的止水带产量为一批抽样
20	腻子型遇水膨胀止水条	每 5000m 为一批,不足 5000m 的按一批抽样
21	遇水膨胀止水胶	每 5t 为一批,不足 5t 按一批抽样
22	弹性橡胶密封垫材料	每月同标记的密封垫材料产量为一批抽样
23	遇水膨胀橡胶密封垫胶料	每月同标记的膨胀橡胶产量为一批抽样
24	聚合物水泥防水砂浆	每 10t 为一批,不足 5t 按一批抽样

2.12.5 技术要求

（1）外观质量

常用防水材料的外观质量要求见表2-93。

常用防水材料外观质量要求 表 2-93

序号	材料名称	外观质量
1	高聚物改性沥青防水卷材	表面平整,边缘整齐,无孔洞、缺边、裂口、胎基未浸透,矿物粒料粒度,每卷卷材的接头
2	合成高分子防水卷材	表面平整,边缘整齐,无气泡、裂纹、粘结疤痕,每卷卷材的接头
3	高聚物改性沥青防水涂料	水乳型:无色差、凝胶、结块、明显沥青丝; 溶剂型:黑色黏稠状,细腻、均匀胶状液体
4	合成高分子防水涂料	反应固化型:均匀黏稠状、无凝胶、结块; 挥发固化型:经搅拌后无结块,呈均匀状态

序号	材料名称	外观质量
5	聚合物水泥防水涂料	液体组分:无杂质、无凝胶的均匀乳液 固体组分:无杂质、无结块的粉末
6	胎体增强材料	表面平整,边缘整齐,无折痕、无孔洞、无污迹
7	沥青基防水卷材用基层处理剂	均匀液体,无结块、无凝胶
8	高分子胶粘剂	均匀液体,无杂质、无分散颗粒或凝胶
9	改性沥青胶粘剂	均匀液体,无结块、无凝胶
10	合成橡胶胶粘带	表面平整,无固块、杂物、孔洞、外伤及色差
11	改性石油沥青密封材料	黑色均匀膏状,无结块和未浸透的填料
12	合成高分子密封材料	均匀膏状物或黏稠液体,无结皮、凝胶或不易分散的固体团块
13	高聚物改性沥青防水卷材	断裂、折皱、孔洞、剥离、边缘不整齐,胎体露白、未浸透,撒布材料粒度、颜色,每卷卷材的接头
14	合成高分子防水卷材	折痕、杂质、胶块、凹痕,每卷卷材的接头
15	有机防水涂料	均匀黏稠体,无凝胶,无结块
16	无机防水涂料	液体组分:无杂质、凝胶的均匀乳液 固体组分:无杂质、结块的粉末
17	膨润土防水材料	表面平整、厚度均匀,无破洞、破边,无残留断针,针刺均匀
18	混凝土建筑接缝用密封胶	细腻、均匀膏状物或黏稠液体,无气泡、结皮和凝胶现象
19	橡胶止水带	尺寸公差;开裂,缺胶,海绵状,中心孔偏心,凹痕,气泡,杂质,明疤
20	腻子形遇水膨胀止水条	尺寸公差;柔软,弹性均匀,色泽均匀,无明显凹凸

序号	材料名称	外观质量
21	遇水膨胀止水胶	细腻、黏稠、均匀膏状物，无气泡、结皮和凝胶
22	弹性橡胶密封垫材料	尺寸公差；开裂，缺胶，凹痕，气泡，杂质，明疤
23	遇水膨胀橡胶密封垫胶料	
24	聚合物水泥防水砂浆	干粉类：均匀，无结块；乳胶类：液料经搅拌后均匀无沉淀，粉料均匀、无结块

（2）物理性能

1）塑性体改性沥青防水卷材的物理性能应符合表 2-94 各项的规定。

塑性体改性沥青防水卷材物理性能　　表 2-94

序号	项目		指标				
			Ⅰ		Ⅱ		
			PY	G	PY	G	PYG
1	可溶物含量 （g/m²） ≥	3mm	2100				—
		4mm	2900				—
		5mm	3500				
		试验现象	—	胎基不燃	—	胎基不燃	—
2	耐热性	℃	110		130		
		≤mm	2				
		试验现象	无流淌、滴落				
3	低温柔性（℃）		−7		−15		
			无裂缝				
4	不透水性（30min）		0.3MPa	0.2MPa	0.3MPa		
5	拉力	最大峰拉力 （N/50mm）　≥	500	350	800	500	900
		次高峰拉力 （N/50mm）　≥	—	—	—	—	800
		试验现象	拉伸过程中试件中部无沥青涂覆层开裂或与胎基分离现象				

97

序号	项目		指标				
			I		II		
			PY	G	PY	G	PYG
6	延伸率	最大峰时延伸率 %　≥	25		40		—
		第二峰时延伸率 %　≥	—				15

2）弹性体改性沥青防水卷材的物理性能应符合表 2-95 中各项的规定。

弹性体改性沥青防水卷材物理性能　表 2-95

序号	项目		指标				
			I		II		
			PY	G	PY	G	PYG
1	可溶物含量 (g/m²) ≥	3mm	2100				—
		4mm	2900				
		5mm	3500				
		试验现象	—	胎基不燃	—	胎基不燃	—
2	耐热性	℃	90		105		
		≤mm	2				
		试验现象	无流淌、滴落				
3	低温柔性(℃)		−20		−25		
			无裂缝				
4	不透水性(30min)		0.3MPa	0.2MPa	0.3MPa		
5	拉力	最大峰拉力 (N/50mm) ≥	500	350	800	500	900
		次高峰拉力 (N/50mm) ≥	—				800
		试验现象	拉伸过程中试件中部无沥青涂覆层开裂或与胎基分离现象				

序号	项目		指标				
			Ⅰ		Ⅱ		
			PY	G	PY	G	PYG
6	延伸率	最大峰时延伸率（%）≥	30	—	40	—	—
		第二峰时延伸（%）≥	—		—		15

3）自粘聚合物改性沥青防水卷材的物理性能应符合表 2-96 中各项的规定。

自粘聚合物改性沥青防水卷材物理性能　　　表 2-96

项目		指标	
		聚酯胎基（PY）	无胎基（N）
可溶物含量（g/m²）		2mm 厚≥1300 3mm 厚≥2100	—
拉力（N/50mm）		2mm 厚≥350 3mm 厚≥450	≥150
延伸率（%）		最大拉力时≥30	最大拉力时≥200
耐热度（℃，2h）		70，无滑动、流淌、滴落	70，滑动不超过2mm
低温柔性（℃）		—20	
不透水性	压力（MPa）	≥0.3	≥0.2
	保持时间（min）	≥30	≥120

4）高分子防水材料（片材）的产品分类见表 2-97。高分子防水片材（均质片、复合片、异形片）的物理性能应分别符合表 2-98、表 2-99、表 2-100 的规定。自粘片的主体材料应符合表 2-98、表 2-99 中相关类别的要求，点（条）粘片主体材料应符合表 2-98 中相关类别的要求。

高分子防水片材的分类

表 2-97

分类		代号	主要原材料
均质片	硫化橡胶类	JL1	三元乙丙橡胶
		JL2	橡塑共混
		JL3	氯丁橡胶、氯磺化聚乙烯、氯化聚乙烯等
	非硫化橡胶类	JF1	三元乙丙橡胶
		JF2	橡塑共混
		JF3	氯化聚乙烯
	树脂类	JS1	聚氯乙烯等
		JS2	乙烯醋酸乙烯共聚物、聚乙烯等
		JS3	乙烯醋酸乙烯共聚物与改性沥青共混等
复合片	硫化橡胶类	FL	（三元乙丙、丁基、氯丁橡胶、氯磺化聚乙烯等）/织物
	非硫化橡胶类	FF	（氯化聚乙烯、三元乙丙、丁基、氯丁橡胶、氯磺化聚乙烯等）/织物
	树脂类	FS1	聚氯乙烯/织物
		FS2	（氯丁橡胶、氯磺化聚乙烯、氯化聚乙烯等）/自粘料
自粘片	硫化橡胶类	ZJL1	三元乙丙/自粘料
		ZJL2	橡塑共混/自粘料
		ZJL3	（氯丁橡胶、氯磺化聚乙烯、氯化聚乙烯等）/自粘料
		ZFL	（三元乙丙、丁基、氯丁橡胶、氯磺化聚乙烯等）/织物/自粘料
	非硫化橡胶类	ZJF1	三元乙丙/自粘料
		ZJF2	橡塑共混/自粘料
		ZJF3	氯化聚乙烯/自粘料
		ZFF	（氯化聚乙烯、三元乙丙、丁基、氯丁橡胶、氯磺化聚乙烯等）/织物料/自粘料

分类		代号	主要原材料
自粘片	树脂类	ZJS1	聚氯乙烯/自粘料
		ZJS2	(乙烯醋酸乙烯共聚物、聚乙烯等)/自粘料
		ZJS3	乙烯醋酸乙烯共聚物与改性沥青共混等/自粘料
		ZFS1	聚氯乙烯/织物/自粘料
		ZFS2	(聚乙烯、乙烯醋酸乙烯共聚物等)/织物/自粘料
异形片	树脂类(防排水保护板)	YS	高密度聚乙烯,改性聚丙烯,高抗冲聚苯乙烯等
点(条)粘片	树脂类	DS1/TS1	聚氯乙烯/织物
		DS2/TS2	(乙烯醋酸乙烯共聚物、聚乙烯等)/织物
		DS3/TS3	乙烯醋酸乙烯共聚物与改性沥青共混等/织物

均质片的物理性能 表 2-98

项目		指标								
		硫化橡胶类			非硫化橡胶类			树脂类		
		JL1	JL2	JL3	JF1	JF2	JF3	JS1	JS2	JS3
拉伸强度(MPa)	常温(23℃) ≥	7.5	6.0	6.0	4.0	3.0	5.0	10	16	14
	高温(60℃) ≥	2.3	2.1	1.8	0.8	0.4	1.0	4	6	5
拉断伸长率(%)	常温(23℃) ≥	450	400	300	400	200	200	200	550	500
	低温(−20℃) ≥	200	200	170	200	100	100	—	350	300
不透水性(30min,无渗漏)(MPa)		0.3	0.3	0.2	0.3	0.2	0.2	0.3	0.3	0.3
低温弯折(无裂纹,℃)		−40	−30	−30	−30	−20	−20	−20	−35	−35

复合片的物理性能 表 2-99

项目		指标			
		硫化橡胶类 FL	非硫化橡胶类 FF	树脂类	
				FS1	FS2
拉伸强度 （N/cm）	常温(23℃) ≥	80	60	100	60
	高温(60℃) ≥	30	20	40	30
拉断伸长率 （%）	常温(23℃) ≥	300	250	150	400
	低温(−20℃) ≥	150	50	—	300
不透水性 (0.3MPa,30min)		无渗漏	无渗漏	无渗漏	无渗漏
低温弯折(无裂纹,℃)		−35	−20	−30	−20

异形片的物理性能 表 2-100

项目		指标		
		膜片厚度 <0.8mm	膜片厚度 0.8~1.0mm	膜片厚度 ≥1.0mm
拉伸强度(N/cm) ≥		40	56	72
拉断伸长率(%) ≥		25	35	50
抗压性能	抗压强度(kPa)≥	100	150	300
	壳体高度压缩50%后外观	无破损		

5）聚氯乙烯防水卷材物理性能应符合表 2-101 的规定。

6）氯化聚乙烯防水卷材的物理性能应符合表 2-102、2-103 中各项的规定。

7）氯化聚乙烯—橡胶共混防水卷材的物理性能应符合表 2-104 中各项的规定。

聚氯乙烯防水卷材物理性能   表 2-101

序号	项目			指标				
				H	L	P	G	GL
1	中间胎基上面树脂层厚度（mm）		≥	—			0.40	
2	拉伸性能	最大拉力（N/cm）	≥	—	120	250	—	120
		拉伸强度（MPa）	≥	10.0	—	—	10.0	—
		最大拉力时伸长率（%）	≥	—	—	15	—	—
		断裂伸长率（%）	≥	200	150	—	200	100
3	低温弯折性			−25℃无裂纹				
4	不透水性			0.3MPa,2h 不透水				

N 类氯化聚乙烯防水卷材物理性能   表 2-102

序号	试验项目		Ⅰ 型	Ⅱ 型
1	拉伸强度（MPa）	≥	5.0	8.0
2	断裂延伸率（%）	≥	200	300
3	低温弯折性		−20℃无裂纹	−25℃无裂纹
4	不透水性		不透水	

L 类及 W 类氯化聚乙烯防水卷材物理性能   表 2-103

序号	试验项目		Ⅰ 型	Ⅱ 型
1	拉力（N/cm）	≥	70	120
2	断裂延伸率（%）	≥	125	250
3	低温弯折性		−20℃无裂纹	−25℃无裂纹
4	不透水性		不透水	

氯化聚乙烯—橡胶共混防水卷材物理性能   表 2-104

序号	项目		指标	
			S 型	N 型
1	拉伸强度（MPa）	≥	7.0	5.0
2	断裂伸长率（%）	≥	400	250
3	直角形撕裂强度（kN/m）	≥	24.5	20.0
4	不透水性（30min）		0.3MPa 不透水	0.2MPa 不透水
5	脆性温度	≤	−40℃	−20℃

8）改性沥青聚乙烯胎防水卷材的物理性能应符合表 2-105 中各项的规定。

改性沥青聚乙烯胎防水卷材物理性能　　**表 2-105**

序号	项目		技术指标				
			T				S
			O	M	P	R	M
1	不透水性		0.4MPa,30min 不透水				
2	耐热性(℃)		90				70
			无流淌、无起泡				无流淌、无起泡
3	低温柔性(℃)		−5	−10	−20	−20	−20
			无裂纹				
4	拉伸性能	拉力(N/50mm) ≥	纵向	200		400	200
			横向				
		断裂延伸率(%) ≥	纵向	120			
			横向				

9）三元丁橡胶防水卷材物理性能应满足表 2-106 的要求。

三元丁橡胶防水卷材物理性能　　**表 2-106**

项目		技术指标	
		Ⅰ 型	Ⅱ 型
不透水性		0.3MPa,90min 不透水	
拉伸性能	纵向拉伸强度(MPa) ≥	2.0	2.2
	纵向断裂伸长率(%) ≥	150	220
低温弯折性		−30℃,无裂纹	

10）聚氨酯防水涂料的物理性能应符合表 2-107 的规定。

聚氨酯防水涂料物理性能　　**表 2-107**

序号	项目		技术指标		
			Ⅰ	Ⅱ	Ⅲ
1	固体含量(%) ≥	单组分	85.0		
		多组分	92.0		
2	拉伸强度(MPa) ≥		2.00	6.00	12.0
3	断裂伸长率(%) ≥		500	450	250
4	低温弯折性		−35℃,无裂纹		
5	不透水性		0.3MPa,120min,不透水		

11）聚合物乳液建筑防水涂料的物理性能应符合表 2-108 中各项的规定。

聚合物乳液建筑防水涂料物理性能　　表 2-108

序号	试验项目		技术指标	
			Ⅰ类	Ⅱ类
1	拉伸强度（MPa）	≥	1.0	1.5
2	断裂延伸率（%）	≥	300	300
3	低温柔性，绕 φ10mm 棒弯 180°		−10℃，无裂纹	−20℃，无裂纹
4	不透水性（0.3MPa，0.5h）		不透水	
5	固体含量（%）	≥	65	

12）聚合物水泥防水涂料的物理性能应符合表 2-109 中各项的规定。

聚合物水泥防水涂料物理性能　　表 2-109

序号	试验项目		技术指标		
			Ⅰ型	Ⅱ型	Ⅲ型
1	固体含量（%）　≥		70	70	70
2	拉伸强度	无处理（MPa）≥	1.2	1.8	1.8
3	断裂伸长率	无处理（%）　≥	200	80	30
4	低温柔性（Φ10mm 棒）		−10℃无裂纹	—	—
5	不透水性（0.3MPa，30min）		不透水	不透水	不透水

13）水乳型沥青防水涂料的物理性能应满足表 2-110 的要求。

水乳型沥青防水涂料物理性能　　表 2-110

项　目	L	H
固体含量（%）　≥	45	
耐热度（℃）	80±2	110±2
	无流淌、滑动、滴落	

项　目		L	H
不透水性		0.10MPa,30min 无渗水	
低温柔度(℃)	标准条件	−15	0
	碱处理	−10	5
	热处理		
	紫外线处理		
断裂伸长率(%)≥	标准条件	600	
	碱处理		
	热处理		
	紫外线处理		

14) 硅酮建筑密封胶的物理性能应符合表 2-111 中各项的规定。

硅酮建筑密封胶物理性能　　表 2-111

序号	项目		技术指标			
			25HM	20HM	25LM	20LM
1	密度(g/cm³)		规定值±0.1			
2	下垂度(mm)	垂直	≤3			
		水平	无变形			
3	表干时间(h)		≤3ᵃ			
4	挤出性(mL/min)		≥80			
5	弹性恢复率(%)		≥80			
6	拉伸模量(MPa)	23℃	>0.4		≤0.4	
		−20℃	或>0.6		和≤0.6	
7	定伸粘结性		无破坏			
8	紫外线辐照后粘结性ᵇ		无破坏			
9	冷拉—热压后粘结性		无破坏			
10	浸水后定伸粘结性		无破坏			
11	质量损失率(%)		≤10			

注：a) 允许采用供需双方商定的其他指标值

　　b) 此项仅适用于 G 类产品

15) 聚氨酯建筑密封胶的物理性能应符合表 2-112 中各项的规定。

聚氨酯建筑密封胶物理性能 表 2-112

序号	项目		技术指标		
			20HM	25LM	20LM
1	密度(g/cm³)		规定值 ±0.1		
2	流动性	下垂度(N 型,mm)	≤3		
		流平性(L 型)	光滑平整		
3	表干时间(h)		≤24		
4	挤出性¹⁾(mL/min)		≥80		
5	适用期²⁾(h)		≥1		
6	弹性恢复率(%)		≥70		
7	拉伸模量(MPa)	23℃	>0.4		≤0.4
		−20℃	或>0.6		和≤0.6
8	定伸粘结性		无破坏		
9	浸水后定伸粘结性		无破坏		
10	冷拉－热压后粘结性		无破坏		
11	质量损失率(%)		≤7		

注：1. 此项仅适用于单组分产品
　　2. 此项仅适用于多组分产品,允许采用供需双方商定的其他指标值

16) 建筑用硅酮结构密封胶的物理应符合表 2-113 中各项的规定。

建筑用硅酮结构密封胶物理性能 表 2-113

序号	项目		技术指标
1	下垂度	垂直放置(mm)	≤3
		水平放置	不变形
2	挤出性ᵃ⁾(s)		≤10
3	适用期ᵇ⁾(min)		≥20
4	表干时间(h)		≤3

序号	项目			技术指标
5	硬度(Shore A)			20~60
6	拉伸粘结性	拉伸粘结强度(MPa)	23℃	≥0.60
			90℃	≥0.45
			-30℃	≥0.45
			浸水后	≥0.45
			水—紫外线光照后	≥0.45
		粘结破坏面积(%)不大于		≤5
		23℃时最大拉伸强度时伸长率(%)		≥100
7	热老化	热失重(%)		≤10
		龟裂		无
		粉化		无

注：a) 仅适用于单组分产品；
　　b) 仅适用于双组分产品。

（3）不合格处理

用于屋面工程的防水材料，进场检验报告的全部项目指标均达到技术标准规定应为合格；不合格材料不得在工程中使用。

其他防水材料物理性能检验，凡规定项目中有一项不合格者为不合格产品，可根据相应产品标准进行单项复验，但如该项仍不合格，则判该批产品为不合格。

2.13　地基基础回填材料

2.13.1　概述

常用的地基基础回填材料有土、粉煤灰、石灰土（灰土）、砂等。

土作为常用道路和基础回填材料，在工程中被广泛应用。土一般由固相（土颗料）、液相（水）和气相（空气）三部分组成，三相比例不同，则反映出土的物理状态也不尽相同。

粉煤灰作为工业废渣，多年来被广泛应用于工程的各个结构部位中，如石灰粉煤灰稳定材料作为道路工程的基层材料；粉煤灰作为基础回填材料，也被大量使用。

工程中，当土的性能达不到使用要求时，常常对土进行改良，掺加各种各样的材料，以改善土的性能，提高土的工程性质。石灰土就是改良土中常用的一种。

砂作为回填材料，在我国是一种处理浅表软弱土层的传统方法，但由于原材料来源及价格等问题，大规模应用受到限制，目前主要用于工程的浜、塘、沟等的回填处理。

2.13.2 检测依据

《建筑地基基础设计规范》GB 50007—2011

《建筑地基基础工程施工质量验收规范》GB 50202—2002

《建筑地基处理技术规范》JGJ 79—2012

《给水排水管道工程施工及验收规范》GB 50268—2008

《土工试验方法标准》GB/T 50123—1999（2008）

《土的工程分类标准》CB/T 50145—2007

2.13.3 检测内容和使用要求

（1）检测内容

回填质量评定可采用下列几种方法进行检测：

1）干密度，主要用于砂垫层和砂石垫层的质量评定或以设计规定的控制干密度为依据进行评定，方法分为环刀法、灌砂法、灌水法、贯入法等。

2）用压实系数（λ_c）或压实度（K）来鉴定黏性类地基回填质量。

压实系数为土的实际干密度（ρ_d）与最大干密度（ρ_{dmax}）的比值；压实度为土的实际干密度（ρ_d）与最大干密度（ρ_{dmax}）的比值用百分率表示。最大干密度（ρ_{dmax}）和最优（佳）含水量是通过标准击实方法确定的。而压实系数（λ_c）或压实度（K）要求一般由设计单位根据工程结构性质、使用要求及土的性质确定的，如果未作规定可参考相关标准取值。

（2）使用要求

1）垫层材料为砂石的宜选用碎石、卵石、角砾、砾砂、粗砂、中砂或石屑，并应级配良好，不含植物残体、垃圾等杂质。当使用细粉砂或石粉时，应掺入不少于总重量30％的碎石或卵石。砂石的最大粒径不宜大于50mm。对湿陷性黄土或膨胀土地基，不得选用砂石等透水性材料。

2）垫层材料为粉质黏土的，土料中有机物含量不得超过5％，且不得含有冻土或膨胀土。当含有碎石时，其最大粒径不宜大于50mm。用于湿陷性黄土或膨胀土地基的粉质黏土垫层，土料中不得夹有砖、瓦或石块等。

3）垫层材料为灰土的，灰土体积配合比宜为2∶8或3∶7。石灰宜选用新鲜的消石灰，其最大粒径不得大于5mm。土料宜选用粉质黏土，不宜使用块状黏土，且不得含有松软杂质，土料应过筛且最大粒径不得大于15mm。

4）垫层材料为粉煤灰的，选用的粉煤灰应满足相关标准对腐蚀性和放射性的要求。粉煤灰垫层上宜覆土0.3～0.5m。粉煤灰垫层中采用掺加剂时，应通过试验室确定其性能及适用条件。大量填筑粉煤灰时，应经场地地下水和土壤环境的不良影响评价合格后方可使用。

5）以卵石、砾石、块石或岩石碎屑作压实填料时，分层压实时其最大粒径不宜大于200mm，分层夯实时其最大粒径不宜大于400mm。

6）以粉质黏土、粉土作压实填料的，其含水量宜为最优含水量，可采用击实试验确定。

7）挖高填低或开山填沟的土石料，应符合设计要求。

8）不得使用淤泥、耕土、冻土、膨胀性土以及有机物含量大于5％的土。

2.13.4 取样要求

（1）换填垫层的施工质量检验应分层进行，并应在每层的压实系数符合设计要求后铺填上层。

采用环刀法检验垫层的施工质量时，取样点应选择位于每层垫层厚度 2/3 深度处。检验点数量，条形基础下垫层每 10～20m 不应少于 1 个点，独立柱基、单个基础下垫层不应少于 1 个点，其他基础下垫层每 50～100m² 不应少于 1 个点。

（2）压实填土地基的质量检验，在施工过程中应分层取样检验土的干密度和含水率；每 50～100m² 面积内应设不少于 1 个检测点，每一个独立基础下，检测点不少于 1 个点，条形基础每 20 延米设检测点不少于 1 个点。

（3）沟槽回填检测取样批量见表 2-114、表 2-115。

刚性管道沟槽回填土压实度　　　　表 2-114

检查项目			最低压实度（%）		检查数量	
			重型击实标准	轻型击实标准	范围	点数
石灰土类垫层			93	95	1000m	每层每侧 1 组（每组 3 点）
沟槽在路基范围外	胸腔部分	管侧	87	90		
		管顶以上 500mm	（87±2）（轻型）			
	其余部分		≥90（轻型）或按设计要求			
	农田或绿地范围表层 500mm 范围内		不宜压实，预留沉降量，表面平整			
沟槽在路基范围内	胸腔部分	管侧	87	90	两井之间或 1000m²	
		管顶以上 250mm	（87±2）（轻型）			
	由路槽底算起的深度范围（mm）	0～800	快速路及主干路	95	98	
			次干路	93	95	
			支路	90	92	
		800～1500	快速路及主干路	93	95	
			次干路	90	9	
			支路	87	90	
		>1500	快速路及主干路	87	90	
			次干路	87	90	
			支路	87	90	

注：1. 表中重型击实标准的压实度和轻型击实标准的压实度，分别以相应的标准击实实验法求得的最大干密度为 100%，管道回填压实度，除设计要求用重型击实标准外，其他以轻型击实标准。
　　2. 采用中、粗黄砂回填时可采用钢钎贯入度法检验，其贯入度标准值应根据所用黄砂所做击实功，通过试验确定。

柔性管道沟槽回填土压实度 表 2-115

槽内部位		压实度(%)轻型击实标准	回填材料	检查数量	
				范围	点数
管道基础	管底基础	≥90	中、粗砂	每 100m	每层每侧 1 组(每组 3 点)
	管道有效支撑角范围	≥95			
管顶以上 500mm	管道两侧	≥95	中、粗砂、碎石屑,最大粒径小于 40mm 的砂砾或符合要求的软土	两井之间或每 1000m²	
	管道两侧	≥90			
	管道上部	85±2			
管顶 500~1000mm		≥90	原土或按设计要求		

（4）环刀法检测应使用容积为 100 cm³、60 cm³ 的环刀。

（5）击实试验，轻型击实试验用样品数量不少于 40kg，重型击实试验用样品数量不少于 60kg。

（6）环刀法检测可使用手锤打入法按以下步骤进行取样：

1）确定取样地点，记录该点测区编号的及标高；

2）在约 300×300mm 的地面上去掉表层浮土并检查取样面是否有石块及建筑垃圾；

3）将环刀刀口向下垂直放在土样上，将带手柄环刀盖在环刀背上；

4）锤击环刀盖手柄使环刀垂直均匀地切入土样，当土样升出环刀时停止锤击；

5）在距环刀 150~200mm 侧面用铁铲铲入，取出环刀；

6）擦净环刀外壁，用修土刀削去环刀两端余土，并使土与环刀口齐平，在削土时不应将两端余土压入环刀内；

7）当环刀两端面有少量土不齐平时，可取适量土补齐但不得用力压入改变其原始状态；

8）将记录有代表该样品测区编号及标高的标签一同装入铝

盒内，盖紧盒盖。

（7）环刀法取样注意事项

1）取样操作不应在雨天进行；

2）取样完毕应尽快送检测机构内检测，试样放置时间不宜过长以免含水率发生变化；

3）取样时应使环刀在测点处垂直而下，并应在夯实层 2/3 处取样；

4）取样时应注意免使土样受到外力作用，环刀内应充满土样，如果环刀内土样不足，应将同类土样补足；

5）取样锤击时用力应以能打入土质为限，不能过分扰动路基土的原状结构；

6）对土质坚硬的地方可使用电动取土器，其操作按相应产品的技术说明；

7）当环刀中的土样含有大于 50％的粗粒土或大量建筑垃圾时应重新取样；

8）现场取样应记录测点标高、部位及相对应的取样日期、取样人、见证人等信息；

9）现场取样应优先采用随机选点的方法。

（8）土样存放及运送

在现场取样后，原则上应及时将土样运送到检测机构检测。土样存放及运送中，还须注意以下事项：

1）将现场采取的土样，立即放入密封的土样盒或密封的土样筒内，同时贴上相应的标签；

2）如无密封的土样盒和密封的土样筒时，可将取得的土样，用砂布包裹，并用蜡融封密实；

3）密封土样宜放在室内常温处，使其避免日晒、雨淋及冻融等有害因素的影响；

4）土样在运送过程中少受震动。

2.13.5 技术要求

（1）各种垫层的压实标准见表 2-116。

各种垫层的压实标准　　　　　　　　　　　表 2-116

施工方法	换填材料类别	压实系数λ_c
碾压振密或夯实	碎石、卵石	≥0.97
	砂夹石(其中碎石、卵石占全重的 30%~50%)	
	土夹石(其中碎石、卵石占全重的 30%~50%)	
	中砂、粗砂、砾砂、角砾、圆砾、石屑	
	粉质黏土	≥0.97
	灰土	≥0.95
	粉煤灰	≥0.95

注：1. 压实系数 λ_c 为土的实际干密度（ρ_d）与最大干密度（ρ_{dmax}）的比值；土的最大干密度宜采用击实试验确定；碎石或卵石的最大干密度可取 2.1~2.2t/m³；

2. 表中压实系数 λ_c 系使用轻型击实试验测定土的最大干密度时给出的压实控制标准，采用重型击实试验时，对粉质黏土、灰土、粉煤灰及其他材料压实标准应为压实系数 λ_c≥0.94

（2）压实填土的质量标准见表 2-117。

压实填土的质量控制　　　　　　　　　　表 2-117

结构类型	填土部位	压实系数 λ_c	控制含水量
砌体承重结构和框架结构	在地基主要受力层范围内	≥0.97	$\omega_{op}\pm2$
	在地基主要受力层范围以下	≥0.95	
排架结构	在地基主要受力层范围内	≥0.96	
	在地基主要受力层范围以下	≥0.94	

注：1. 压实系数 λ_c 为压实填土的控制干密度 ρ_d 与最大干密度 ρ_{dmax} 的比值，ω_{op} 为最优含水量；

2. 地坪垫层以下及基础底面标高以上的压实填土，压实系数不应小于 0.94。

（3）预压处理地基应在地表铺设与排水竖井相连的砂垫层，砂垫层的干密度应大于 1.5t/m³。

（4）压实填土地基中碎石土干密度不得低于 2.0t/m³。

（5）刚性管道沟槽和柔性管道沟槽回填土压实度表应符合表 2-114、表 2-115 的要求。

2.13.6 不合格处理

当干密度或压实系数（压实度）不合格时应及时查明原因，采取有效的技术措施进行处理，然后再重新进行检测，直到判为合格为止。

（1）当检测填土的实际含水量没达到该填土土类的最优含水量时，可事先向松散的填土均匀喷洒适量水，使其含水量接近最优含水量后，再加振、压、夯实。

（2）当填土含水量超过该填料最优含水量时，尤其是用黏性土回填，在进行振、压、夯实时，易形成"橡皮土"，这就须采取如下技术措施处理：

1）开槽晾干。

2）均匀地向松散填土内掺入同类干性黏土或刚化开的熟石灰粉。

3）当工程量不大，而且已夯压成"橡皮土"，则可采取"换填法"，即挖去已形成的"橡皮土"后，填入新的符合填土要求的填料。

（3）换填法用砂（或砂石）垫层分层回填时，当实际干密度未达到规范或设计要求，应重新进行振、压、夯实；当含水量不够时（即没达到最优含水量），应均匀地洒水后再进行振、压、夯实。

2.14 钢结构材料

2.14.1 概述

钢结构工程用材料包括钢结构工程用钢、焊接材料、紧固件等。

钢结构工程用钢是以金属板材、管材和型材等热轧钢材或冷弯成型的薄壁型钢，在基本上不改变其断面特征的情况下经加工组装而成的结构，它具有总量轻跨度大、用料少、造价低、节省基础、施工周期短、安全可靠、造型美观等优点。钢结构工程用钢主要包括中厚板、彩涂板、冷轧板、H型钢等各类型钢以及焊接钢管等。

　　焊接连接是钢结构的重要连接形式之一，其连接质量直接关系结构的安全使用。焊接材料对焊接施工质量影响重大，因此焊接材料的品种、规格、性能除应按设计要求选用外，同时应符合相应的国家现行产品标准的要求。

　　紧固件连接是钢结构连接的主要形式，特别是高强度螺栓连接，更是钢结构连接最重要的形式之一。

2.14.2　检测依据

《钢结构工程施工质量验收规范》GB 50205—2001

《钢网架检验及验收标准》JG 12—1999

《优质碳素结构钢》GB/T 699—1999

《碳素结构钢》GB/T 700—2006

《热轧型钢》GB/T 706—2008

《热轧钢板和钢带的尺寸、外形、重量及允许偏差》GB/T 709—2006

《桥梁用结构钢》GB/T 714—2015

《碳素结构钢和低合金结构钢热轧薄钢板和钢带》GB 912—2008

《不锈钢棒》GB/T 1220—2007

《低合金高强度结构钢》GB/T 1591—2008

《连续热镀锌薄钢板及钢带》GB/T 2518—2008

《碳素结构钢和低合金钢热轧厚钢板和钢带》GB/T 3274—2007

《碳素结构钢钢带和低合金结构钢热轧钢带》GB/T 3524—2015

《耐候结构钢》GB/T 4171—2008

《厚度方向性能钢板》GB/T 5313—2010

《通用冷弯开口型钢尺寸、外形、重量及允许偏差》GB/T 6723—2008

《冷弯型钢》GB/T 6725—2008

　　《结构用冷弯空心型钢尺寸、外形、重量及允许偏差》

GB/T 6728—2002

《结构用无缝钢管》GB/T 8162—2008

《热轧 H 型钢和剖分 T 型钢》GB/T 11263—2010

《建筑用轻钢龙骨》GB/T 11981—2008

《彩色涂层钢板及钢带》GB/T 12754—2006

《建筑用压型钢板》GB/T 12755—2008

《建筑结构用钢板》GB/T 19879—2005

《焊接 H 型钢》YB/T 3301—2005

《高层建筑结构用钢板》YB 4104—2000

《结构用耐候焊接钢管》YB/T 4112—2013

《堆焊焊条》GB/T 984—2001

《非合金钢及细晶粒钢焊条》GB/T 5117—2012

《热强钢焊条》GB/T 5118—2012

《埋弧焊用碳钢焊丝和焊剂》GB/T 5293—1999

《气体保护电弧焊用碳钢、低合金钢焊丝》GB/T 8110—2008

《碳钢药芯焊丝》GB/T 10045—2001

《熔化焊用钢丝》GB/T 14957—1994

《低合金钢药芯焊丝》GB/T 17493—2008

《埋弧焊用低合金钢焊丝和焊剂》GB/T 12470—2003

《氩》GB/T 4842—2006

《焊接用二氧化碳》HG/T 2537—1993

《电弧螺柱焊用圆柱头焊钉》GB/T 10433—2002

《六角头螺栓》GB/T 5782—2000

《六角头螺栓 C 级》GB/T 5780—2000

《钢结构用高强度大六角头螺栓》GB/T 1228—2006

《钢结构用高强度大六角螺母》GB/T 1229—2006

《钢结构用高强度垫圈》GB/T 1230—2006

《钢结构用高强度大六角头螺栓、大六角螺母、垫圈技术条件》GB/T 1231—2006

《钢结构用扭剪型高强度螺栓连接副》GB/T 3632—2008

《钢网架螺栓球节点用高强度螺栓》GB/T 16939—1997

《钢网架螺栓球节点》JG/T 10—2009

《钢网架焊接空心球节点》JG/T 11—2009

《空间网格结构技术规程》JGJ/T 7—2010

2.14.3 检测内容和使用要求

（1）检测内容

1）以下情况应对钢结构工程用钢进行见证取样复验：

① 国外进口钢材，但有国家出入境检验部门的检验报告且检验项目内容能涵盖设计和合同要求的除外；

② 钢材混批；

③ 板厚等于或大于 40mm，且设计有 Z 向性能要求的厚板；

④ 建筑结构安全等级为一级，对大跨度钢结构中主要受力构件所采用的钢材；

⑤ 设计有复验要求的钢材；

⑥ 对质量有疑义的钢材。

2）钢结构工程用钢应按现行国家产品标准进行检验，检测项目如下：

① 对于承重结构选用的钢材，应进行抗拉强度，断后伸长率，屈服强度以及硫、磷等元素含量分析的试验；

② 对于焊接结构用钢，还应碳含量以及影响碳当量计算的锰、镍、铬等元素含量分析的试验；

③ 对于焊接承重结构及重要的非焊接承重结构用钢材，还应进行冷弯试验；

④ 对于需要验算疲劳的焊接结构钢材，重要的受拉或受弯的焊接结构件，还应进行冲击性能试验；

⑤ 对于板厚等于或大于 40mm，且设计有 Z 向性能要求的厚板，还应进行硫含量分析的试验和板厚方向的断面收缩率试验。

3）以下重要的钢结构工程的焊接材料进行见证取样复验：

① 建筑结构安全等级为一级的一、二级焊缝。

② 建筑结构安全等级为二级的一级焊缝。

③ 大跨度结构中一级焊缝。

④ 重级工作制吊车梁结构中一级焊缝。

⑤ 设计要求。

⑥ 对质量有疑义的焊材。

4) 钢结构中常用的焊接材料应按现行国家产品标准进行检验，常用的检验项目有钢丝的化学成分、熔敷金属的化学成分、熔敷金属的力学性能以及焊条药皮的含水量等。

5) 高强度大六角头螺栓连接副的扭矩系数、扭剪型高强度螺栓连接副的紧固轴力（预拉力）和高强度螺栓连接抗滑移系数。

6) 对建筑结构安全等级为一级，跨度 40m 及以上的公共建筑钢网架结构，且设计有要求时，应对焊接球节点和螺栓球节点进行节点承载力试验。

① 焊接球节点应按设计指定规格的球及其匹配的钢管焊接成试件，进行单向受拉、受压承载力试验；

② 螺栓球节点应按设计指定规格的球最大螺栓孔螺纹进行抗拉强度保证荷载试验。

（2）使用要求

1) 当钢材表面有锈蚀、麻点或划痕等缺陷时，其深度不得大于该钢材厚度负允许偏差值的 1/2。

2) 钢材表面的锈蚀等级应符合现行国家标准《涂覆涂料前钢材表面处理　表面清洁度的目视评定》规定的 C 级及 C 级以上。

3) 钢材端边或断口处不应有分层、夹渣等缺陷。

4) 焊条外观不应有药皮脱落、焊芯生锈等缺陷；焊剂不应受潮结块。

5) 焊条、药芯焊丝、焊剂、熔嘴等在使用前，应按其产品说明书及焊接工艺文件的规定进行烘焙和存放。

2.14.4　取样要求

（1）取样批量和数量

1) 常用钢材试样（化学分析和力学性能）取样要求和数量见表 2-118。表中的批由同一牌号、同一质量等级、同一炉罐号、同一品种、同一尺寸、同一交货状态组成。一般情况下，每批的重量应不大于60t。

常用钢材试样（化学分析和力学性能）取样批量和数量

表 2-118

种类\项目	化学成分	拉伸试验	弯曲试验	常温冲击	低温冲击	时效冲击	Z向性能	超声波探伤
碳素结构钢	1/炉罐	1/批	1/批	3/批	3/批	—	—	—
优质碳素结构钢	1/炉罐	2/批	—	2/批		—	—	—
低合金高强度结构钢	1/炉罐	1/批	1/批	3/批	3/批	—	—	—
焊接结构用耐候钢	1/炉罐	1/批	1/批	3/批		—	—	—
高耐候结构钢	1/炉罐	1/批	1/批	3/批		—	—	—
桥梁结构钢	1/炉罐	1/批	1/批	3/批	3/批	3/批	—	—
高层建筑用钢	1/炉罐	1/批	1/批	3/批	3/批		3/批	逐张

2）焊接材料每一生产批号取一个样。

3）高强度大六角头螺栓连接副和扭剪型高强度螺栓连接副的检验应按批进行，同一材料、炉号、螺纹规格、长度（当螺栓长度≤100mm时，长度相差≤15mm；螺栓长度＞100mm时，长度相差≤20mm，可视为同一长度）、机械加工、热处理工艺及表面处理工艺的螺栓为同批；同一材料、炉号、螺纹规格、机械加工、热处理工艺及表面处理工艺的螺母为同批；同一材料、炉号、规格、机械加工、热处理工艺及表面处理工艺的垫圈为同批。由同批螺栓、螺母及垫圈组成的连接副为同批连接副。同批连接副的最大批量为 3000 套，检验时每批抽取 8 套。

高强度螺栓连接抗滑移系数试验在专门制作的双摩擦面的二栓拼接的拉力试件上进行，制造厂和安装单位应分别以钢结构制造批为单位进行抗滑移系数试验，制造批可按分部子分部工程划分规定的工程量每 2000t 为一批，不足 2000t 的可视为一批，选用两种及两种以上表面处理工艺时每种处理工艺应单独检验。试件与所代表的钢结构件应为同一材质、同批制作、采用同一摩擦面处理工艺和具有相同的表面状态，并应用同批同一性能等级的高强度螺栓连接副，在同一环境条件下存放。每批三组试件，试件如图 2-6 所示，试件规格按《钢结构工程施工质量验收规范》GB 50205—2001 执行。

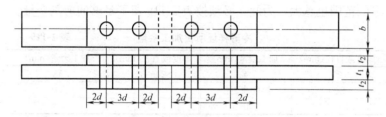

图 2-6 抗滑移系数二栓拼接的拉力试件

4）网架节点承载力每批随机取 3 个试件进行试验。

（2）取样方法

1）力学性能试验用样坯的取样应按照钢材产品标准的规定进行，产品标准未规定时，应按国家标准《钢和钢产品力学性能试验取样位置及试样制备》GB/T 2975—1998 进行。常用的样坯切取方法有冷剪法、火焰切割法、砂轮片切割法、锯切法等，无论采取哪种方法，都应遵循以下原则：

① 应在外观及尺寸合格的钢产品上取样，试料应有足够的尺寸以保证机加工出足够的试样进行规定的试验及复验。

② 取样时，应对样坯和试样做出不影响其性能的标记，以保证始终能识别取样的位置和方向。

③ 取样的方向应按产品标准规定或双方协议执行。

④ 切取样坯时，应防止因过热、加工硬化而影响其力学及工艺性能。

⑤ 采用火焰切割法取样时，由于材料是在火焰喷嘴下熔化而使样坯从整体中分离出来，在熔化区附近，材料承受了一个从熔化到相变点以下大温度区域，这一局部的高温将会引起材料性能的很大变化，因此，从样坯切割线至试样边缘必须留有足够的切割余量，以便通过试样加工将过热区的材料去除而不影响试样的性能。这一余量的规定为：一般应不小于钢材的厚度或直径，但最小不得少于 20mm。对于厚度或直径大于 60mm 的钢材，其切割余量可根据供需双方协议适当减少。同理，采用冷剪法切取样坯时，在冷剪边缘会产生塑性变形，厚度或直径越大，塑性变形的范围也越大，为此，必须按表 2-119 留下足够的剪割余量。

冷剪样坯所留加工余量　　　　表 2-119

厚度或直径(mm)	加工余量(mm)	厚度或直径(mm)	加工余量(mm)
≤4	4	>20～35	15
>4～10	厚度或直径	>35	20
>10～20	10		

⑥ 钢材的化学分析应按国家标准《钢和铁　化学成分测定用试样的取样和制样方法》GB/T 20066—2006 进行，样品可以从按照产品标准中规定的取样位置取样，也可以从抽样产品中取得的用作力学性能试验的材料上取样。试样可用机械切削或用切割器从抽样产品中取得。

2）熔敷金属制样要求

焊接材料除钢丝外，一般在专门制备的熔敷金属试板上进行化学成分和力学性能试验。下面以碳钢药芯焊丝为例介绍熔敷介绍试板的制样。

① 熔敷金属化学成分制样

熔敷金属化学分析试件一般应在平焊位置多层堆焊制成，堆焊的熔敷金属最小尺寸为 40mm×13mm×13mm。试件堆焊的道间温度应不超过 165℃，每道焊完后可将试块浸入水中冷却。此外化学分析试样也可以从力学性能试验用试件的熔敷金属上制取，仲裁试验用化学分析试样应按上述规定制取。

② 熔敷金属力学性能试验制样

试件的焊接应在平焊位置进行，焊接后角变形大于 5° 的试件应予以报废，焊后试件不允许矫正。为防止角变形超过 5°，应预做反变形或在焊接过程中使试件受到拘束。试板应先定位焊，然后在试板温度不低于 16℃ 时开始焊接，道间温度应控制在 150℃±15℃，如果中断焊接，允许试件在室温下的静止空气中冷却。重新施焊时试件应预热至 150℃±15℃。

2.14.5 技术要求

（1）钢材、焊接材料应符合现行国家产品标准和设计要求。钢材的某个检验项目不合格时，可按该产品标准规定的方法进行复验。

（2）紧固件应符合现行国家产品标准和设计要求。

（3）焊接球节点单向受拉、受压承载力试验破坏荷载值应大于或等于 1.6 倍设计承载力。

（4）螺栓球节点抗拉强度保证荷载试验当达到螺栓的设计承载力时，螺孔、螺纹及封板仍完好无损为合格。

2.15 建筑材料和装饰装修材料有害物质

2.15.1 概述

民用建筑工程室内环境污染控制的关键在于控制材料的污染，实质内容是选用合适的材料，并控制材料用量。由建筑材料和装饰装修材料产生的室内环境污染可分为两个方面：一方面，放射性污染主要来自无机建筑及装修材料，还与工程地点的地质情况有关系；另一方面，化学污染主要来源于各种人造板材、涂料、胶粘剂等化学建材类建筑材料产品。

2.15.2 检测依据

《民用建筑工程室内环境污染控制规范（2013 年版）》GB 50325—2010

《室内装饰装修材料人造板及其制品中甲醛释放限量》GB 18580—2001

《室内装饰装修材料溶剂型木器涂料中有害物质限量》GB 18581—2009

《室内装饰装修材料内墙涂料中有害物质限量》GB 18582—2008

《室内装饰装修材料胶粘剂中有害物质限量》GB 18583—2008

《室内装饰装修材料木家具中有害物质限量》GB 18584—2001

《室内装饰装修材料壁纸中有害物质限量》GB 18585—2001

《室内装饰装修材料聚氯乙烯卷材地板中有害物质限量》GB 18586—2001

《室内装饰装修材料地毯，地毯衬垫及地毯胶粘剂有害物质释放限量》GB 18587—2001

《混凝土外加剂释放氨的限量》GB 18588—2001

《建筑材料放射性核素限量》GB 6566—2010

《建筑装饰装修工程质量验收规范》GB 50210—2001

2.15.3 检测内容和使用要求

（1）检测内容

1）民用建筑工程所采用的无机非金属建筑材料和装饰材料必须有放射性指标检测报告，并应符合设计要求和相关规范的规定。

2）民用建筑工程室内饰面采用的天然花岗岩石石材或瓷质砖使用面积大于 $200m^2$ 时，应对不同产品、不同批次材料分别进行放射性指标的抽查复验。

3）民用建筑工程室内装修中所采用的人造木板及饰面人造木板，必须有游离甲醛含量或游离甲醛释放量检测报告，并应符合设计要求和相关规范的规定。

4）民用建筑工程室内装修中采用的人造木板或饰面人造木

板使用面积大于 500m² 时，应对不同产品、不同批次材料的游离甲醛含量或游离甲醛释放量分别进行抽查复验。

5）民用建筑工程室内装修中所采用的水性涂料、水性胶粘剂、水性处理剂必须有同批次产品的挥发性有机化合物（VOC）和游离甲醛含量检测报告；溶剂型涂料、溶剂型胶粘剂必须有同批次产品的挥发性有机化合物（VOC）、苯、甲苯＋二甲苯、游离甲苯二异氰酸酯（TDI）含量检测报告，并应符合设计要求和相关规范的规定。

（2）使用要求

1）民用建筑工程室内装修时，严禁使用苯、工业苯、石油苯、重质苯及混苯作为稀释剂和溶剂。

2）民用建筑工程室内装修施工时，不应使用苯、甲苯、二甲苯和汽油进行除油和清除旧油漆作业。

3）涂料、胶粘剂、水性处理剂、稀释剂和溶剂等使用后，应及时封闭存放，废料应及时清出。

4）民用建筑工程室内装修中，进行饰面人造木板拼接施工时，对达不到 E1 级的芯板，应对其断面及无饰面部位进行密封处理。

5）民用建筑工程室内装修时，不应采用聚乙烯醇水玻璃内墙涂料、聚乙烯醇缩甲醛内墙涂料和树脂以硝化纤维为主、溶剂以二甲苯为主的水包油型（O/W）多彩内墙涂料。

6）民用建筑工程室内装修时，不应采用聚乙烯醇缩甲醛类胶粘剂。

7）民用建筑工程室内装修中所使用的木地板及其他木质材料，严禁采用沥青、煤焦油类防腐、防潮处理剂。

8）Ⅰ类民用建筑工程室内装修粘贴塑料地板时，不应采用溶剂型胶粘剂。

9）Ⅱ类民用建筑工程中地下室及不与室外直接自然通风的房间贴塑料地板时，不宜采用溶剂型胶粘剂。

10）民用建筑工程中，不应在室内采用脲醛树脂泡沫塑料作为保温、隔热和吸声材料。

2.15.4 取样要求

（1）取样批量

建筑材料和装饰装修材料有害物质检测现场抽样批量见表 2-120。

建筑材料和装饰装修材料有害物质检测现场抽样批量表

表 2-120

序号	材料类别	建材名称	检测项目	抽样			
				建筑单体（份/幢）	使用数量	品种或规格（份/种）	生产日期或批号（份/批）
1	无机非金属建筑主体材料	砂	放射性	≥1	—	1	—
2		石	放射性	≥1	—	1	—
3		砖	放射性	≥1	—	1	—
4		砌块	放射性	≥1	—	1	—
5		水泥	放射性	≥1	—	1	1
6		混凝土	放射性	≥1	—	1	—
7		混凝土预制构件	放射性	≥1	—	1	—
8		混凝土加气砌块	放射性	≥1	—	1	—
9		空心砌块、空心砖（空心率大于25%）	放射性	≥1	—	1	—
10	无机非金属装修材料	大理石	放射性	≥1	—	1	—
11		花岗石	放射性	≥1	>200m²	1	—
12		瓷质墙、地砖	放射性	≥1	>200m²	1	1
13		建筑卫生陶瓷	放射性	≥1	—	1	1
14		石膏板	放射性	≥1	—	1	1
15	涂料	水性涂料	甲醛	≥1	—	1	1
16		水性腻子	甲醛	≥1	—	1	1

126

序号	材料类别	建材名称	检测项目	抽样			
				建筑单体（份/幢）	使用数量	品种或规格（份/种）	生产日期或批号（份/批）
17	涂料	醇酸类涂料	VOC＋苯＋甲苯＋二甲苯＋乙苯	≥1	—	1	1
18		硝基类涂料	VOC＋苯＋甲苯＋二甲苯＋乙苯	≥1	—	1	1
19		聚氨酯类涂料	VOC＋苯＋甲苯＋二甲苯＋乙苯＋TDI＋HDI	≥1	—	1	1
20		酚醛防锈漆	VOC＋苯＋甲苯＋二甲苯＋乙苯	≥1	—	1	1
21		其他溶剂型涂料	VOC＋苯＋甲苯＋二甲苯＋乙苯	≥1	—	1	1
22		木器用溶剂型腻子	VOC＋苯＋甲苯＋二甲苯＋乙苯	≥1	—	1	1
23	胶粘剂	聚乙酸乙烯酯胶粘剂	甲醛＋VOC	≥1	—	1	1
24		橡胶类胶粘剂	甲醛＋VOC	≥1	—	1	1
25		聚氨酯类胶粘剂	甲醛＋VOC＋TDI	≥1	—	1	1
26		其他水性胶粘剂	甲醛＋VOC	≥1	—	1	1
27		氯丁橡胶胶粘剂	苯＋甲苯＋二甲苯＋VOC	≥1	—	1	1
28		SBS胶粘剂	苯＋甲苯＋二甲苯＋VOC	≥1	—	1	1

序号	材料类别	建材名称	检测项目	抽　样			
				建筑单体（份/幢）	使用数量	品种或规格（份/种）	生产日期或批号（份/批）
29	胶粘剂	聚氨酯类胶粘剂	苯＋甲苯＋二甲苯＋VOC＋TDI	≥1	—	1	1
30		其他溶剂型胶粘剂	苯＋甲苯＋二甲苯＋VOC	≥1	—	1	1
31	处理剂	水性处理剂	甲醛	≥1	—	1	1
32		混凝土外加剂	甲醛＋氨	≥1	—	1	1
33		水性阻燃剂或防火涂料	甲醛＋氨	≥1	—	1	1
34		防水剂	甲醛	≥1	—	1	1
35		防腐剂	甲醛	≥1	—	1	1
36		防虫剂	甲醛	≥1	—	1	1
37	人造木板	饰面人造木板	甲醛	≥1	＞500m²	1	1
38		刨花板	甲醛	≥1	＞500m²	1	1
39		细木工板	甲醛	≥1	＞500m²	1	1
40		胶合板	甲醛	≥1	＞500m²	1	1
41		高、中、低密度纤维板	甲醛	≥1	＞500m²	1	1
42	其他	地毯衬垫	甲醛＋VOC	≥1	—	1	1
43		地毯	甲醛＋VOC	≥1	—	1	1
44		壁纸	甲醛	≥1	—	1	1
45		壁布	甲醛	≥1	—	1	1
46		帷幕	甲醛	≥1	—	1	1
47		粘合木结构材料	甲醛	≥1	—	1	1
48		发泡类卷材地板	VOC	≥1	—	1	1
49		非发泡类卷材地板	VOC	≥1	—	1	1
50		保温泡沫板（内墙用）	甲醛	≥1	—	1	1

（2）取样数量

建筑材料和装饰装修材料有害物质检测取样数量见表2-121。

建筑材料和装饰装修材料有害物质检测取样数量　表 2-121

序号	材料类别	建 材 名 称	检测项目	取样量
1	无机非金属建筑主体材料	砂	放射性	不少于 2kg/份
2		石	放射性	不少于 2kg/份
3		砖	放射性	不少于 2kg/份
4		砌块	放射性	不少于 2kg/份
5		水泥	放射性	不少于 2kg/份
6		混凝土	放射性	不少于 2kg/份
7		混凝土预制构件	放射性	不少于 2kg/份
8		空心砖（空心率大于 25%）	放射性	不少于 2kg/份
9		空心砌块（空心率大于 25%）	放射性	不少于 2kg/份
10	无机非金属装修材料	大理石	放射性	不少于 2kg/份
11		花岗石	放射性	不少于 2kg/份
12		瓷质墙、地砖	放射性	不少于 2kg/份
13		建筑卫生陶瓷	放射性	不少于 2kg/份
14		石膏板	放射性	不少于 2kg/份
15	涂料	水性涂料	甲醛	不少于 1kg/份
16		水性腻子	甲醛	不少于 1kg/份
17		醇酸类涂料	VOC＋苯＋甲苯＋二甲苯＋乙苯	不少于 1kg/份
18		硝基类涂料	VOC＋苯＋甲苯＋二甲苯＋乙苯	不少于 1kg/份
19		聚氨酯类涂料	VOC＋苯＋甲苯＋二甲苯＋乙苯＋TDI＋HDI	不少于 1kg/份
20		酚醛防锈漆	VOC＋苯＋甲苯＋二甲苯＋乙苯	不少于 1kg/份
21		其他溶剂型涂料	VOC＋苯＋甲苯＋二甲苯＋乙苯	不少于 1kg/份
22		木器用溶剂型腻子	VOC＋苯＋甲苯＋二甲苯＋乙苯	不少于 1kg/份

序号	材料类别	建材名称	检测项目	取样量
23		聚乙酸乙烯酯胶粘剂	甲醛＋VOC	不少于1kg/份
24		橡胶类胶粘剂	甲醛＋VOC	不少于1kg/份
25		聚氨酯类胶粘剂	甲醛＋VOC＋TDI	不少于1kg/份
26		其他水性胶粘剂	甲醛＋VOC	不少于1kg/份
27	胶粘剂	氯丁橡胶胶粘剂	苯＋甲苯＋二甲苯＋VOC	不少于1kg/份
28		SBS胶粘剂	苯＋甲苯＋二甲苯＋VOC	不少于1kg/份
29		聚氨酯类胶粘剂	苯＋甲苯＋二甲苯＋VOC＋TDI	不少于1kg/份
30		其他溶剂型胶粘剂	苯＋甲苯＋二甲苯＋VOC	不少于1kg/份
31		水性处理剂	甲醛	不少于1kg/份
32		混凝土外加剂	甲醛＋氨	不少于1kg/份
33	处理剂	水性阻燃剂或防火涂料	甲醛＋氨	不少于1kg/份
34		防水剂	甲醛	不少于1kg/份
35		防腐剂	甲醛	不少于1kg/份
36		防虫剂	甲醛	不少于1kg/份
37		饰面人造木板	甲醛	不少于3m²/份
38		刨花板	甲醛	不少于1m²/份
39	人造木板	细木工板	甲醛	不少于1m²/份
40		胶合板	甲醛	不少于1m²/份
41		高、中、低密度纤维板	甲醛	不少于1m²/份
42		地毯衬垫	甲醛＋VOC	不少于3m²/份
43		地毯	甲醛＋VOC	不少于3m²/份
44	其他	壁纸	甲醛	不少于1m²/份
45		壁布	甲醛	不少于3m²/份
46		帷幕	甲醛	不少于3m²/份

序号	材料类别	建 材 名 称	检测项目	取样量
47		粘合木结构材料	甲醛	不少于 3 件/份
48	其他	发泡类卷材地板	VOC	不少于 3m²/份
49		非发泡类卷材地板	VOC	不少于 3m²/份
50		保温泡沫板(内墙用)	甲醛	不少于 3m²/份

(3) 取样方法

在施工或使用现场抽取样品时,必须同一地点、同一类别、同一规格的建筑材料或装饰装修材料中随机抽取 1 份,并立即用不会释放或吸附污染物的包装材料将样品密封后待测。

2.15.5 技术要求

(1) 民用建筑工程所使用的无机非金属建筑主体材料,包括砂、石、砖、砌块、水泥、商品混凝土、混凝土预制构件和新型墙体材料等,其放射性指标限量应符合表 2-122 的规定。

无机非金属建筑主体材料放射性指标限量 表 2-122

测 定 项 目	限 量
内照射指数(I_{Ra})	≤1.0
外照射指数(I_γ)	≤1.0

(2) 民用建筑工程所使用的无机非金属装修材料,包括石材、建筑卫生陶瓷、石膏板、吊顶材料、无机瓷质砖胶粘剂等,进行分类时,其放射性指标限量应符合表 2-123 的规定。

无机非金属装修材料放射性指标限量 表 2-123

测 定 项 目	限 量	
	A	B
内照射指数(I_{Ra})	≤1.0	≤1.3
外照射指数(I_γ)	≤1.3	≤1.9

(3) 民用建筑工程所使用的加气混凝土和空心率(孔洞率)大于 25% 的空心砖、空心砌块等建筑主体材料,其放射性指标

限量应符合表 2-124 的规定。

加气混凝土和空心率（孔洞率）大于 25%的建筑主体材料放射性指标限量
表 2-124

测 定 项 目	限 量
表面氡析出率[Bq/(m² · s)]	≤0.015
内照射指数(I_{Ra})	≤1.0
外照射指数(I_γ)	≤1.0

（4）人造木板应根据游离甲醛含量或游离甲醛释放量限值划分为 E_1 类和 E_2 类，应满足表 2-125 的要求。饰面人造木板宜采用环境测试舱法或干燥器法测定游离甲醛释放量，当发生争议时应以环境测试舱法的测定结果为准；胶合板、细木工板宜采用干燥器法测定游离甲醛释放量；刨花板、中密度纤维板等宜采用穿孔法测定游离甲醛含量。

人造木板中游离甲醛释放量限值　　　　表 2-125

测 定 方 法	类别	限 值
环境测试舱法	E_1	≤0.12mg/m³
穿孔法	E_1	≤9.0mg/100g，干材料
	E_2	>9.0mg/100g，≤30.0mg/100g，干材料
干燥器法	E_1	≤1.5mg/L
	E_2	>1.5mg/L，≤5.0mg/L

（5）民用建筑工程室内用水性涂料，应测定游离甲醛的含量；溶剂型涂料，应测定其 VOC、苯、甲苯＋二甲苯＋乙苯的含量，其技术指标应满足表 2-126 的要求。

涂料中污染物含量限值　　　　表 2-126

类 别	测定项目	限值
水性涂料	游离甲醛(mg/kg)	≤100
水性腻子	游离甲醛(mg/kg)	≤100

类　　别	测定项目	限值
醇酸类涂料	VOC(g/L)	≤500
	苯(%)	≤0.3
	甲苯＋二甲苯＋乙苯(%)	≤5
硝基类涂料	VOC(g/L)	≤720
	苯(%)	≤0.3
	甲苯＋二甲苯＋乙苯(%)	≤30
聚氨酯类涂料	VOC(g/L)	≤670
	苯(%)	≤0.3
	甲苯＋二甲苯＋乙苯(%)	≤30
	TDI(g/kg)	≤4
	HDI(g/kg)	≤4
酚醛防锈漆	VOC(g/L)	≤270
	苯(%)	≤0.3
	甲苯＋二甲苯＋乙苯(%)	—
其他溶剂型涂料	VOC(g/L)	≤600
	苯(%)	≤0.3
	甲苯＋二甲苯＋乙苯(%)	≤30
木器用溶剂型腻子	VOC(g/L)	≤550
	苯(%)	≤0.3
	甲苯＋二甲苯＋乙苯(%)	≤30

（6）民用建筑工程室内用水性胶粘剂，应测定 VOC 和游离甲醛的含量；溶剂型胶粘剂，应测定其 VOC、苯、甲苯＋二甲苯的含量，其技术指标应满足表 2-127 的要求。

胶粘剂中污染物含量限值　　　　表 2-127

类　　别	测定项目	限值
聚乙酸乙烯酯胶粘剂	VOC(g/L)	≤110
	游离甲醛(g/kg)	≤1.0

类　别	测定项目	限值
橡胶类胶粘剂	VOC(g/L)	≤250
	游离甲醛(g/kg)	≤1.0
聚氨酯类胶粘剂	VOC(g/L)	≤100
	TDI(g/kg)	≤4
其他水性胶粘剂	VOC(g/L)	≤350
	游离甲醛(g/kg)	≤1.0
氯丁橡胶胶粘剂	VOC(g/L)	≤700
	苯(g/kg)	≤5.0
	甲苯＋二甲苯(g/kg)	≤200
SBS胶粘剂	VOC(g/L)	≤650
	苯(g/kg)	≤5.0
	甲苯＋二甲苯(g/kg)	≤150
聚氨酯类胶粘剂	VOC(g/L)	≤700
	苯(g/kg)	≤5.0
	甲苯＋二甲苯(g/kg)	≤150
	TDI(g/kg)	≤4
其他溶剂型胶粘剂	VOC(g/L)	≤700
	苯(g/kg)	≤5.0
	甲苯＋二甲苯(g/kg)	≤150

（7）民用建筑工程室内用能释放氨和甲醛的阻燃剂（包括防火涂料）、混凝土外加剂，应测定氨和游离甲醛的含量；防水剂、防腐剂等水性处理剂，应测定游离甲醛的含量。其技术表应满足表2-128的要求。

水性处理剂中污染物含量限值　　　　表2-128

类　别	测定项目	限值
阻燃剂	氨(%)	≤0.10
	游离甲醛(mg/kg)	≤100

类　别	测定项目	限值
混凝土外加剂	氨(%)	≤0.10
	游离甲醛(mg/kg)	≤500
防水剂	游离甲醛(mg/kg)	≤100
防腐剂	游离甲醛(mg/kg)	≤100
其他水性处理剂	游离甲醛(mg/kg)	≤100

（8）民用建筑工程中使用的粘合木结构材料，游离甲醛释放量不应大于 0.12mg/m³。

（9）民用建筑工程室内装修时，所使用的壁布、帷幕等游离甲醛释放量不应大于 0.12mg/m³。

（10）民用建筑工程室内装修时，所使用的壁纸中甲醛含量不应大于 120mg/kg。

（11）民用建筑工程室内用聚氯乙烯卷材地板应测定 VOC 的含量。其技术表应满足表 2-129 的要求。

聚氯乙烯卷材地板中 VOC 含量限值　　表 2-129

名　　称		限值(g/m²)
发泡类卷材地板	玻璃纤维基材	≤75
	其他基材	≤35
非发泡类卷材地板	玻璃纤维基材	≤40
	其他基材	≤10

（12）民用建筑工程室内用地毯、地毯衬垫应测定 VOC 和游离甲醛的含量。其技术表应满足表 2-130 的要求。

地毯、地毯衬垫中 VOC 和游离甲醛限值　　表 2-130

名　　称	测定项目	限值(mg/m² · h)	
		A 级	B 级
地毯	VOC	≤0.500	≤0.600
	游离甲醛	≤0.050	≤0.050

名　　称	测定项目	限值($mg/m^2 \cdot h$)	
		A级	B级
地毯衬垫	VOC	≤1.000	≤1.200
	游离甲醛	≤0.050	≤0.050

2.16　建筑幕墙材料

2.16.1　概述

建筑幕墙是由玻璃、铝板、石材等面板材料与铝合金型材等金属框架组成的、不承担主体结构所传递荷载和作用的外围护结构。建筑幕墙可分为：构件式幕墙、单元式幕墙、点支承玻璃幕墙、全玻璃幕墙、双层幕墙。构件式幕墙、单元式幕墙按镶嵌材料可分为：玻璃幕墙、石材幕墙、金属幕墙和人造板材幕墙；点支式玻璃幕墙按支承结构可分为：索杆结构、钢结构、自平衡、玻璃肋。玻璃幕墙可分为隐框、半隐框、明框幕墙。双层幕墙可分为外通风幕墙、内通风幕墙。

建筑幕墙使用的主要材料有：玻璃、密封材料、结构胶、铝合金型材及板材、石材、钢材、不锈钢、五金件等。

2.16.2　检测依据

《建筑装饰装修工程质量验收规范》GB 50210—2001

《建筑幕墙》GB/T 21086—2007

《玻璃幕墙工程技术规范》JGJ 102—2003

《建筑幕墙气密、水密、抗风压性能检测方法》GB/T 15227—2007

《建筑幕墙平面内变形性能检测方法》GB/T 18250—2015

《天然饰面石材试验方法》GB/T 9966.1～9966.8—2001

《建筑材料放射性核素限量》GB 6566—2010

《硫化橡胶或热塑性橡胶　压入硬度试验方法　第1部分：邵氏硬度计法（邵尔硬度）》GB/T 531.1—2008

《硫化橡胶或热塑性橡胶　压入硬度试验方法　第 2 部分：便携式橡胶国际硬度计法》GB/T 531.2—2009

《建筑用硅酮结构密封胶》GB 16776—2005

《建筑密封胶系列产品标准》JC/T 881～JC/T 885—2001

《硅酮建筑密封胶》GB/T 14683—2003

2.16.3　检测内容和使用要求

（1）检测内容

1）石材的弯曲强度、寒冷地区石材的耐冻融性、室内用花岗石的放射性；

2）硅酮结构密封胶的邵氏硬度、相容性和剥离粘结、标准状态拉伸粘结性；

3）石材用密封胶的耐污染性；

4）后置埋件的现场拉拔强度；

5）幕墙的水密性、气密性、抗风压性、平面内变形性能；

6）铝塑复合板的剥离强度。

（2）使用要求

建筑幕墙实施工业产品生产许可证管理。施工单位选用上述产品时，其生产企业必须取得《全国工业产品生产许可证》。获证企业及其产品可通过国家质监总局网站 www.aqsiq.gov.cn 查询。

2.16.4　取样要求

（1）取样批量和数量

进场后需要复验的材料同一厂家生产的同一品种、同一类型的进场材料应至少抽取一组样品进行复验。

（2）取样要求

1）石材的弯曲强度试样厚度（H）可按实际情况确定。当试样厚度（H）≤68mm 时宽度为 100mm；当试样厚度＞68mm 时宽度为 1.5H。试样长度为 10×H＋50mm，长度尺寸偏差±1mm，宽度、厚度尺寸偏差±0.3mm。

试样上应标明层理方向，试样两个受力面应平整且平行。正面与侧面夹角应为 90°±0.5°，试样不得有裂纹、缺棱和缺角。

试样上下两面应分别标记出支点的位置（见图 2-7）。

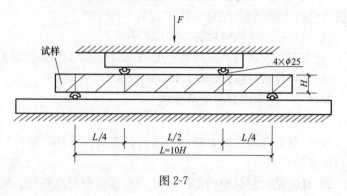

图 2-7

　　每种试验条件下的试样取五个为一组。如对干燥、水饱和条件下的垂直和平行层理的弯曲强度试验应制备 20 个试样。

　　2）寒冷地区石材的耐冻融性试样尺寸：边长 50mm 的正方体或 $\phi50mm \times 50\ mm$ 的圆柱体；尺寸偏差 ±0.5mm。每种试验条件下的试样取五个为一组。若进行干燥、水饱和、冻融循环后的垂直和平行层理的压缩强度试验需制备试样 30 个。

　　试样应标明层理方向。有些石材如花岩石，其分裂方向可分为下列三种：

　　① 裂理（rift）方向：最易分裂的方向；

　　② 纹理（grain）方向：次易分裂的方向；

　　③ 源粒（head-grain）方向：最难分裂的方向。

　　如需要测定此三个方向的压缩强度，则应在矿山取样，并将试样的裂理方向、纹理方向和源粒方向标记清楚。试样两个受力面应平行、光滑，相邻面夹角应为 $90° \pm 0.5°$。试样上不得有裂纹、缺棱和缺角。

　　3）室内用花岗石的放射性检测：随机抽取样品两份，每份不少于 3kg。一份密封保存，另一份作为检验样品。

　　4）玻璃幕墙用结构胶的邵氏硬度试样厚度至少 6mm，若试样厚度小于 6mm 可用不多于 3 层、每层厚度不小于 2mm 的光滑、平行试样进行叠加，但这样所测得的结果和在整块试样上所测出的硬度不能相比较。

试样必须有足够的面积，使压针和试样接触位置距离边缘至少 12mm，试样的表面和压针接触的部分必须平整。

注：橡胶袖珍硬度计原则上不能在球形、不平整或粗糙的表面上进行硬度测量。但在特殊情况下是允许的，比如，测量胶辊的硬度，在这种情况下，所测得硬度与试样表面状况有关，因而和在标准试样上测量的结果不同。

5）玻璃幕墙用结构胶标准条件拉伸粘结性检测：铝材和玻璃规格为 40mm×50mm，铝材至少 5 块，无镀膜的无色透明浮法玻璃至少 15 块（以上铝材加工成铝板）。

6）玻璃幕墙用结构胶相容性检测：结构胶 3 支，同时应注明所用各类材料的产品名称、规格及生产厂家。

7）石材用密封胶的污染性检测：基材尺寸为 25mm×25mm×75mm（见图 2-6），共需 24 块基材，制成 12 个试件。

底涂料——当制造商推荐使用底涂料时，则每个试件的两块基材中，一块基材加底涂料，另一块不加底涂料，试验结束后，分别记录加底涂料和不加底涂料基材的污染值。

8）铝塑复合板 180°剥离试验应在 3 张整板上取样，试样尺寸：25mm×350mm，试样数量为 6 块，取样位置为距板边距离不得少于 50mm，每张板沿纵向横向各取 1 块。

试样应标明品种、规格尺寸、等级，采用的产品标准。

①品种：按产品的用途分为外墙铝塑板（代号 W）、内墙铝塑板（代号 N）；按表面涂层材质分为氟碳树脂型（代号 FC）、聚酯树脂型（代号 PET）、丙烯酸树脂型（代号 AC）。

②规格尺寸：长度，mm：2000、2440、3200

宽度，mm：1220、1250

厚度，mm：3、4

其他规格尺寸的铝塑板可由供需双方商定。

③等级：按外观质量，铝塑板分为优等品（代号 A）和合格品（代号 B）；两个等级。

例如：规格为 1220mm×2440mm×4mm、涂层种类为氟碳树脂的优等品外墙铝塑板

标记为：W FC 1220×2440×4 A GB＊＊＊＊＊

9）幕墙物理性能检测

① 检测样品根据委托方提供的正式图纸、计算书确定，其类型及外形尺寸应具有代表性。

② 委托方提供的正式图纸、计算书，应明确幕墙的性能要求，即明确气密性、水密性、设计风压、平面内变形性能等性能指标。

③ 试件各组成部件应为生产厂家检验合格的产品，部件的安装、镶嵌应符合设计要求。不得加设任何特殊的附件或采取其他特殊措施，试件所使用的材料（玻璃、密封材料、结构胶、铝合金型材及板材、石材、钢材、不锈钢、五金件等）应与建筑物上的幕墙采用的相同。

④ 检测过程中，建设单位或监理单位应在现场见证，以确保检测试件选用的材料、构造等与实际施工的相同。

10）后置埋件的现场拉拔强度检测：取相同类型、相同规格和用于相同混凝土设计强度等级的三处锚栓，各处数量均应不少于 3 个。

2.16.5 技术要求

（1）石材

1）石材的弯曲强度应符合表 2-131 的要求。

石材弯曲强度 表 2-131

项 目	天然花岗石	天然大理石	其他石材	
弯曲强度标准值(MPa)	≥8.0	≥7.0	≥8.0	8.0≥/≥4.0

注：弯曲强度标准值小于8.0MPa的石材面板，应采取附加构造措施保证面板的可靠。

2）在严寒和寒冷地区，幕墙用石材的抗冻系数不应小于 0.8。

3）幕墙选用的石材的放射性应符合《建筑材料放射性核素限量》GB 6566—2010 中 A 级、B 级和 C 级的要求。

（2）玻璃幕墙用结构胶

1）邵氏硬度在（20～40）shoreA 之间。

2）相容性试验应符合表 2-132 的要求。

结构装配系统用附件同密封胶相容性判定指标   表 2-132

试 验 项 目		判 定 指 标
附件同密封胶相容	颜色变化	试验试件与对比试件颜色变化一致
	玻璃与密封胶	试验试件、对比试件与玻璃粘结破坏面积的差值≤5%

3）实际工程用基材与密封胶粘结，粘结破坏面积的算术平均值≤20%。

4）标准条件拉伸粘结强度

玻璃幕墙用结构胶标准条件拉伸粘结强度应符合表 2-133 的要求。

玻璃幕墙用结构胶标准条件拉伸粘结强度   表 2-133

项 目		技术指标
拉伸粘结性	拉伸粘结强度（MPa），不小于	23℃	0.60
		90℃	0.45
		−30℃	0.45
		浸水后	0.45
		水-紫外线光照后	0.45
	粘结破坏面积(%)，不大于	5
	23℃时最大拉伸强度时伸长率(%)，不小于	100

（3）石材用密封胶的污染性

污染宽度和污染深度≤2.0mm。

（4）铝塑复合板剥离强度应符合表 2-134 的要求。

铝塑复合板剥离强度指标   表 2-134

项 目	技 术 要 求	
	平均值	最小值
剥离强度(N·mm/mm)	≥130	≥120

（5）幕墙物理性能

1）气密性能

以标准状态下压力差为 10Pa 的空气渗透量 q 为分级依据，其分级指标应符合表 2-135 和表 2-136 的规定。

建筑幕墙开启部分气密性能分级 表 2-135

分 级 代 号	1	2	3	4
分级指标值 q_L，$(m^3/m \cdot h)$	$4.0 \geqslant q_L > 2.5$	$2.5 \geqslant q_L > 1.5$	$1.5 \geqslant q_L > 0.5$	$q_L \leqslant 0.5$

建筑幕墙整体气密性能分级 表 2-136

分 级 代 号	1	2	3	4
分级指标值 q_A，$(m^3/m^2 \cdot h)$	$4.0 \geqslant q_A > 2.0$	$2.0 \geqslant q_A > 1.2$	$1.2 \geqslant q_A > 0.5$	$q_A \leqslant 0.5$

2）水密性能

以发生渗漏现象的前级压力差值作为分级依据，其分级指标值应符合表 2-137 的规定。

建筑幕墙水密性能分级 表 2-137

分 级 代 号		1	2	3	4	5
分级指标值 $\Delta P(Pa)$	固定部分	$500 \leqslant \Delta P < 700$	$700 \leqslant \Delta P < 1000$	$1000 \leqslant \Delta P < 1500$	$1500 \leqslant \Delta P < 2000$	$\Delta P \geqslant 2000$
	可开启部分	$250 \leqslant \Delta P < 350$	$350 \leqslant \Delta P < 500$	$500 \leqslant \Delta P < 700$	$700 \leqslant \Delta P < 1000$	$\Delta P \geqslant 1000$

注：5 级时需同时标注固定部分和开启部分 ΔP 的测试值。

3）抗风压性能

以安全检测压力差值 P_3 进行分级，其分级指标应符合表 2-138 的规定。

建筑幕墙抗风压性能分级 表 2-138

分级代号	1	2	3	4	5	6	7	8	9
分级指标值 $P_3(kPa)$	$1.0 \leqslant P_3 < 1.5$	$1.5 \leqslant P_3 < 2.0$	$2.0 \leqslant P_3 < 2.5$	$2.5 \leqslant P_3 < 3.0$	$3.0 \leqslant P_3 < 3.5$	$3.5 \leqslant P_3 < 4.0$	$4.0 \leqslant P_3 < 4.5$	$4.5 \leqslant P_3 < 5.0$	$P_3 \geqslant 5.0$

注：1. 9 级时需同时标注 P_3 的测试值。如：属 9 级（5.5kPa）；

2. 分级指标值 P_3 为正、负风压测试值绝对值的较小值。

4）平面内变形性能

以建筑物层间相对位移值 γ 表示。要求幕墙在该相对位移范围内不受损坏，其分级指标应符合表 2-139 的规定。

建筑幕墙平面内变形性能分级 　　　　表 2-139

分级代号	1	2	3	4	5
分级指标值 γ	$\gamma<1/300$	$1/300\leqslant\gamma<1/200$	$1/200\leqslant\gamma<1/150$	$1/150\leqslant\gamma<1/100$	$\gamma\geqslant1/100$

注：表中分级指标为建筑幕墙层间位移角。

5）物理性能检验结果判定

① 各项测试均达到设计相应性能等级的要求，合格通过。

② 因制作、安装而产生的缺陷，允许采取补救措施，但不允许变更设计，增加或更换零配件，变更装配工艺应重新试验。如个别地方安装不严密，局部密封胶不饱满产生的漏气、漏水，允许调整、修补，重新再进行试验，如果合格，仍可认为通过。

③ 因设计不合理，用料不合格而使测试不合格者，本次试验不合格，重新进行设计。

2.17 建筑门窗

2.17.1 概述

门是围蔽墙体门窗洞口，可开启关闭，并可供人出入的建筑部件。窗是围蔽墙体洞口，可起采光、通风或观察等作用的建筑部件的总称，通常包括窗框和一个或多个窗扇以及五金配件，有时还带有亮窗和换气装置。建筑门窗主要包括木门窗、铝合金门窗和塑料门窗等种类。

2.17.2 检测依据

《建筑外门窗气密、水密、抗风压性能分级及检测方法》GB/T 7106—2008

《建筑外窗气密、水密、抗风压性能现场检测方法》JG/T 211—2007

《铝合金门窗》GB/T 8478—2008

《建筑用塑料窗》GB/T 28887—2012

《建筑用塑料门》GB/T 28886—2012

《钢门窗》GB/T 20909—2007

2.17.3 检测内容和使用要求

（1）检测内容

抗风压性能、气密性、水密性。

（2）使用要求

1）建筑外窗实施工业产品生产许可证管理，建筑外窗生产企业必须取得《全国工业产品生产许可证》。获证企业及其产品可通过国家质监总局网站www.aqsiq.gov.cn查询。

2）50（含50）mm系列以下单腔结构型材的塑料门窗禁止在新建、改建、扩建的建筑工程中使用。

3）普通钢窗新建住宅、商办楼和公共建筑，禁止设计、使用普通钢窗。

4）手工机具制作的塑料门禁止用于房屋建筑。

5）无预热功能焊机制作的塑料门窗不得用于严寒、寒冷和夏热冬冷地区的房屋建筑。

6）非中空玻璃单框双玻门窗不得用于城镇住宅建筑和公共建筑。

7）非断热金属型材制作的单玻璃窗不得用于具有节能要求的房屋建筑。

8）32系列实腹钢窗32系列实腹钢窗、25系列、35系列空腹钢窗不得用于住宅建筑。

9）普通单玻璃建筑外门窗禁止在新建节能建筑中使用。

2.17.4 取样要求

抗风压性能、气密性、水密性，同一窗型、规格尺寸应至少检测三樘试件。

2.17.5 技术要求

（1）建筑外窗的气密性能

采用压力差为 10Pa 时的单位缝长空气渗透量 q_1 和单位面积空气渗透量 q_2 作为分级指标，分级指标值见表 2-140。

建筑外窗气密性能分级表　　　　表 2-140

分级	1	2	3	4	5	6	7	8
单位缝长分级指标值 q_1，（m³/m·h）	$4.0\geqslant$ $q_1>3.5$	$3.5\geqslant$ $q_1>3.0$	$3.0\geqslant$ $q_1>2.5$	$2.5\geqslant$ $q_1>2.0$	$2.0\geqslant$ $q_1>1.5$	$1.5\geqslant$ $q_1>1.0$	$1.0\geqslant$ $q_1>0.5$	$q_1\leqslant0.5$
单位面积分级指标值 q_2，（m³/m²·h）	$12\geqslant$ $q_2>10.5$	$10.5\geqslant$ $q_2>9.0$	$9.0\geqslant$ $q_2>7.5$	$7.5\geqslant$ $q_2>6.0$	$6.0\geqslant$ $q_2>4.5$	$4.5\geqslant$ $q_2>3.0$	$3.0\geqslant$ $q_2>1.5$	$q_2\leqslant1.5$

（2）建筑外窗水密性能

采用严重渗漏压力差的前一级压力差作为分级指标。分级指标值 ΔP 见表 2-141 中。表 2-141 中××××级窗适用于热带风暴和台风地区（《建筑气候区划标准》GB 50178—1993 中的Ⅲ A 和Ⅳ A 地区）的建筑。

建筑外窗水密性能分级表　　　　表 2-141

单位：Pa

分级	1	2	3	4	5	××××[1)]
分级指标 ΔP	$100\leqslant\Delta P<150$	$150\leqslant\Delta P<250$	$250\leqslant\Delta P<350$	$350\leqslant\Delta P<500$	$500\leqslant\Delta P<700$	$\Delta P\geqslant700$

注：××××表示用≥700Pa 的具体值取代分级代号。

（3）建筑外窗抗风压性能

采用定级检测压力差为分级指标。分级指标值 P_3 见表 2-142。P_3 值与工程的风荷载标准值 W_K 相对比，应大于或等于 W_K。

建筑外窗抗风压性能分级表　　　　表 2-142

单位：kPa

分级代号	1	2	3	4	5	6	7	8	×.×[a)]
分级指标值 P_3	$1.0\leqslant$ $P_3<1.5$	$1.5\leqslant$ $P_3<2.0$	$2.0\leqslant$ $P_3<2.5$	$2.5\leqslant$ $P_3<3.0$	$2.0\leqslant$ $P_3<2.5$	$3.5\leqslant$ $P_3<4.0$	$4.0\leqslant$ $P_3<4.5$	$4.5\leqslant$ $P_3<5.0$	$P_3\geqslant5.0$

注：表中×.×表示用≥5.0kPa 的具体值，取代分级代号。

2.18 建筑节能材料

2.18.1 概述

建筑节能材料是指在制造过程中使用新的工艺技术，产品具有节约能源的特点，能改善建筑功能的材料，主要包括墙体、屋面隔热材料、节能型门窗、节能玻璃等。

2.18.2 检测依据

《建筑节能工程施工质量验收规范》GB 50411—2007

《通风与空调工程施工质量验收规范》GB 50243—2002

《膨胀聚苯板薄抹灰外墙外保温系统》JG 149—2003

《胶粉聚苯颗粒外墙外保温系统材料》JG/T 158—2013

《外墙外保温工程技术规程》JGJ 144—2004

《硬泡聚氨酯保温防水工程技术规程》GB 50404—2007

《无机轻集料砂浆保温系统技术规程》JGJ 253—2011

《保温装饰板外墙外保温系统材料》JG/T 287—2013

《建筑保温砂浆》GB/T 20473—2006

《绝热稳态传热性质的测定标定和防护热箱法》GB/T 13475—2008

《建筑外门窗保温性能分级及检测方法》GB/T 8484—2008

《建筑外窗气密、水密、抗风压性能现场检测方法》JG/T 211—2007

《绝热用模塑聚苯乙烯泡沫塑料》GB/T 10801.1—2002

《绝热用挤塑聚苯乙烯泡沫塑料》GB/T 10801.2—2002

《膨胀珍珠岩绝热制品》GB/T 10303—2015

《绝热用岩棉、矿渣棉及其制品》GB/T 11835—2007

《柔性泡沫橡塑绝热制品》GB/T 17794—2008

《建筑绝热用玻璃棉制品》GB/T 17795—2008

《泡沫玻璃绝热制品》JC/T 647—2014

《外墙外保温柔性耐水腻子》JG/T 229—2007

《墙体保温用膨胀聚苯乙烯板胶粘剂》JC/T 992—2006

《外墙外保温用膨胀聚苯乙烯板抹面胶浆》JC/T 993—2006

《铝合金建筑型材第6部分：隔热型材》GB 5237.6—2012

2.18.3 检测内容和使用要求

（1）检测内容

1）墙体节能工程

① 应对保温材料的导热系数、密度、抗压强度或压缩强度；粘结材料的粘结强度；增强网的力学性能、抗腐蚀性能进行进场见证取样送检。

② 无机轻集料保温系统主要组成材料进场复验项目详见表2-143。

无机轻集料保温系统主要组成材料进场复验项目 表 2-143

材料名称	复验项目
界面砂浆	原拉伸粘结强度、浸水拉伸粘结强度
无机轻集料保温砂浆	干密度、抗压强度、导热系数
抗裂砂浆	原拉伸粘结强度、浸水拉伸粘结强度、压折比
玻纤网	耐碱拉伸断裂强力、耐碱强力保留率、断裂伸长率
塑料锚栓	塑料圆盘直径、单个塑料锚栓抗拉承载力标准值
柔性耐水腻子	柔性、耐水性
陶瓷墙地砖胶粘剂	原拉伸粘结强度、浸水拉伸粘结强度
陶瓷墙地砖填缝剂	标准试验条件下抗折强度、抗压强度、吸水量、横向变形

③ 保温浆料和无机轻集料保温砂浆做保温层时，应在施工中制作同条件养护试件，检测导热系数、干密度、压缩强度（抗压强度）。

2）幕墙节能工程

① 应对幕墙节能工程使用保温材料的导热系数、密度；幕墙玻璃的可见光透射比、传热系数、遮阳系数、中空玻璃露点；隔热型材的抗拉强度、抗剪强度进行见证取样送检。

② 幕墙的气密性能应符合设计规定的等级要求，当幕墙面积大于3000m² 或建筑外墙面积50％时，应现场抽取材料和配

件，在检测试验室安装制作试件进行气密性能检测，检测结果应符合设计规定的等级要求。气密性检测试件应包括幕墙的典型单元、典型拼缝、典型可开启部分。试件应按照幕墙工程施工图进行设计。试件设计应经建筑设计单位项目负责人、监理工程师同意并确认。

3）门窗节能工程

建筑外窗进入施工现场时，应按地区类别对下列性能进行复检：

① 严寒、寒冷地区：气密性、传热系数和中空玻璃露点；

② 夏热冬冷地区：气密性、传热系数、玻璃遮阳系数、可见光透射比和中空玻璃露点；

③ 夏热冬暖地区：气密性、玻璃遮阳系数、可见光透射比和中空玻璃露点。

4）屋面、地面节能工程

保温隔热材料进场时应对导热系数、密度、抗压强度或压缩强度、燃烧性能进行见证取样送检。

5）采暖节能工程

应对散热器的单位散热量、金属的热强度；保温材料的导热系数、密度、吸水率进行见证取样送检。

6）通风与空调节能工程

应对风机盘管机组的供冷量、供热量、风量、出口静压、噪声及功率；绝热材料导热系数、密度、吸水率进行见证取样送检。

7）空调与采暖系统冷热源及管网节能工程

应对绝热材料导热系数、密度、吸水率进行见证取样送检。

8）配电与照明节能工程

应对低压配电系统选择的电缆、电线的截面和每芯导体电阻值进行见证取样送检。

（2）使用要求

1）不得使用燃烧性能低于 B_2 级的保温材料。

2）保温材料进场后，要远离火源。露天存放时，应采用不燃材料安全覆盖，或将保温材料涂抹防护层后再进入施工现场。

3）现场配置的材料如保温浆料、聚合物砂浆等，应按照施工方案和产品说明书配制。如有特殊要求的材料，应按试验室给出的配合比配制。

2.18.4 取样要求

（1）墙体节能工程

1）保温材料同一厂家同一品种的产品，当单位工程建筑面积在 20000m² 以下时各抽查不少于 3 次；当单位工程建筑面积在 20000m² 以上时各抽查不少于 6 次。每次取样数量见表 2-144。

常用节能材料取样数量　　　　表 2-144

序号	产 品 名 称	取样数量
1	玻纤网格布、中碱网格布、耐碱网格布	5m²
2	膨胀聚苯板（EPS）、挤塑聚苯板（XPS）	2m²
3	胶粘剂、抹面胶浆、界面砂浆、抗裂砂浆、粘结石膏	5kg
4	胶粉聚苯颗粒保温浆料	40L 10kg
5	无机保温砂浆	10kg
6	钢丝网架 EPS 板、喷涂聚氨酯硬泡体、保温装饰板、泡沫玻璃板、热镀锌电焊网、半硬质矿（岩）棉板、半硬质玻璃棉板（毡）	2m²
7	锚固件	10 个

2）无机轻集料保温砂浆系统所用材料，同一厂家同一品种的产品，当单位工程保温墙体面积在 5000m² 以下时，各抽查不应少于 1 次；当单位工程保温墙体面积在 5000～10000m² 时，各抽查不应少于 2 次；当单位工程保温墙体面积在 10000～20000m² 时，各抽查不应少于 3 次；当单位工程保温墙体面积在 20000m² 以上时，各抽查不应少于 6 次。具体取样数量见表 2-144。

3）保温浆料和无机轻集料保温砂浆的同条件养护试件应见证取样送检。每个检验批应抽样制作同条件养护试块不少于 3 组。

无机保温砂浆和无机保温砂浆的同条件试块数量见表 2-145。

每组同条件试块数量 表 2-145

序号	检测项目		试块规格	数量
1	胶粉聚苯颗粒保温浆料	导热系数	300mm×300mm×30mm	3 块
2		干密度、抗压强度	100mm×100mm×100mm	6 块
3	无机保温砂浆	导热系数	300mm×300mm×30mm	3 块
4		干密度、抗压强度	70.7mm×70.7mm×70.7mm	6 块

（2）幕墙节能工程

1）幕墙节能工程使用的材料、设备同一厂家同一品种的产品，抽检不少于一组。其中保温隔热材料具体取样数量见表 2-144。幕墙玻璃的取样数量见表 2-146。

玻璃现场取样数量 表 2-146

项　目	数量	说　明
气密性、传热系数、中空玻璃露点（幕墙）	3 块	现场取样
气密性、传热系数、中空玻璃露点（门窗）	3 樘	
玻璃遮阳系数、可见光透射比	3 块	加工成 100mm×100mm

2）铝合金隔热型材的取样数量见表 2-147。

铝合金隔热型材取样方法 表 2-147

检测项目		取 样 方 法
纵向剪切试验		在每批产品中取 2 根，每根于中部和两端各切取 5 个试样，并做标识（共 30 个）。试样均分 3 份（每份至少包括 3 个中部试样），分别用于低温、室温、高温试验。试样长 100mm±2mm
横向拉伸试验	穿条型材	在每批产品中取 2 根，每根于中部切取 1 个试样，于两端分别切取 2 个试样（共 10 个）用于室温试验。试样长 100mm±2mm，试样最短允许缩至 18mm（仲裁时，试样长为 100mm±2mm）
	浇注型材	在每批产品中取 2 根，每根于中部和两端各切取 5 个试样，并做标识（共 30 个）。试样均分 3 份（每份至少包括 3 个中部试样），分别用于低温、室温、高温试验。试样长 100mm±2mm。试样最短允许缩至 18mm（仲裁时，试样长为 100mm±2mm）

3）气密性能检测应对一个单位工程中面积超过 1000m² 的每一种幕墙均抽取一个试件进行检测。

（3）门窗节能工程

建筑外窗同一厂家同一品种同一类型的产品各抽查不少于 3 樘（件），取样数量见表 2-146。

（4）屋面、地面节能工程

保温隔热材料同一厂家同一品种的产品，各抽查不少于 3 组。每次取样数量见表 2-144。

（5）采暖节能工程

同一厂家同一规格的散热器按其数量的 1% 进行见证取样送检，但不得少于 2 组；同一厂家同一材质的保温材料见证取样送检的次数不得少于 2 次。

（6）通风与空调节能工程

同一厂家的风机盘管机组按其数量的 2% 进行见证取样送检，但不得少于 2 台；同一厂家同一材质的绝热材料复检次数不得少于 2 次。

（7）空调与采暖系统冷热源及管网节能工程

同一厂家同一材质的绝热材料复检次数不得少于 2 次。

（8）配电与照明节能工程

电线、电缆同一厂家各种规格总数的 10%，且不少于 2 个规格。试样长度不应少于 5m。

2.18.5 技术要求

（1）绝热用模塑聚苯乙烯泡沫塑料（EPS）应符合表 2-148的要求。

绝热用模塑聚苯乙烯泡沫塑料（EPS）性能指标　表 2-148

试 验 项 目	性 能 指 标
导热系数[W/(m·K)]	≤0.041
表观密度(kg/m³)	18.0～22.0
垂直于板面方向的抗拉强度(MPa)	≥0.10
燃烧性能	B₂

(2) 屋面用喷涂硬泡聚氨酯应符合表 2-149 的要求。

屋面用喷涂硬泡聚氨酯性能指标　　　　　表 2-149

项　目	单位	性 能 要 求		
		Ⅰ 型	Ⅱ 型	Ⅲ 型
密度	kg/m³	≥35	≥45	≥55
导热系数	W/(m·K)	≤0.024	≤0.024	≤0.024
压缩性能(形变 10%)	kPa	≥150	≥200	≥300

(3) 外墙用喷涂硬泡聚氨酯应符合表 2-150 的要求。

外墙用喷涂硬泡聚氨酯性能指标　　　　　表 2-150

项　目	单　位	性 能 要 求
密度	kg/m³	≥35
导热系数	W/(m·K)	≤0.024
压缩性能(形变 10%)	kPa	≥150

(4) 外墙用硬泡聚氨酯板应符合表 2-151 的要求。

外墙用硬泡聚氨酯板性能指标　　　　　表 2-151

项　目	单位	性 能 要 求
密度	kg/m³	≥35
导热系数	W/(m·K)	≤0.024
压缩性能(形变 10%)	kPa	≥150
垂直于板面方向的抗拉强度	MPa	≥0.10 并且破坏部位不得位于粘结界面
吸水率	%	≤3

(5) 无机轻集料保温砂浆应符合表 2-152 的要求。

无机轻集料保温砂浆性能指标　　　　　表 2-152

项　目	单位	技 术 要 求		
		Ⅰ 型	Ⅱ 型	Ⅲ 型
干密度	kg/m³	≤350	≤450	≤550
导热系数(平均温度 25℃)	W/(m·K)	≤0.070	≤0.085	≤0.100

项 目	单位	技 术 要 求		
		Ⅰ 型	Ⅱ 型	Ⅲ 型
抗压强度	MPa	≥0.50	≥1.00	≥2.50
燃烧性能	—	A₂		

（6）膨胀珍珠岩绝热制品应符合表 2-153 的要求。

膨胀珍珠岩绝热制品　　　　　表 2-153

项 目		单位	技 术 要 求				
			200 号		250 号		350 号
			优等品	合格品	优等品	合格品	合格品
密度		kg/m³	≤200		≤250		≤350
导热系数	298K±2K（J 类）	W/(m·K)	≤0.060	≤0.068	≤0.068	≤0.072	≤0.087
	298K±2K（S 类）	W/(m·K)	≤0.10	≤0.11	≤0.11	≤0.12	≤0.12
抗压强度		MPa	≥0.40	≥0.30	≥0.50	≥0.40	≥0.40

注：建筑用膨胀珍珠岩绝热制品用 J 表示，设备及管道工业窑炉用膨胀珍珠岩绝热制品用 S 表示。

（7）泡沫玻璃绝热制品应符合表 2-154 的要求。

泡沫玻璃绝热制品性能指标　　　　表 2-154

项目		分类	140		160		180	200
		等级	优等(A)	合格(B)	优等(A)	合格(B)	合格(B)	合格(B)
密度(kg/m³) ≤			140		160		180	200
抗压强度(MPa) ≥			0.4		0.5	0.4	0.6	0.8
导热系数 (W/m·K) ≤	平均温度	308K(35℃)	0.048	0.052	0.054	0.064	0.066	0.070
		298K(25℃)	0.046	0.050	0.052	0.062	0.064	0.068
		233K(−40℃)	0.037	0.040	0.042	0.052	0.054	0.058

（8）胶粉聚苯颗粒保温浆料应符合表 2-155 的要求。

胶粉聚苯颗粒保温浆料性能指标　　表 2-155

项目	单位	指　标	
		保温浆料	贴砌浆料
干表观密度	kg/m³	180～250	250～350
导热系数	W/(m·K)	≤0.06	≤0.08
抗压强度	kPa	≥200	≥300
燃烧性能等级	—	不应低于 B₁ 级	A 级

（9）保温装饰板应符合 2-156 的要求。

保温装饰板性能指标　　表 2-156

项　目		指　标	
		Ⅰ型	Ⅱ型
单位面积质量（k/m³）		<20	20～30
拉伸粘结强度（MPa）	原强度	≥0.10,破坏发生在保温材料中	≥0.15,破坏发生在保温材料中
	耐水强度	≥0.10	≥0.15
	耐冻融强度	≥0.10	≥0.15
保温材料导热系数		符合相关标准的要求	
燃烧性能分级		有机材料不低于 C 级（B₁ 级），无机材料不低于 A₂ 级（A 级）	

（10）铝合金隔热型材应符合表 2-157 的要求。

铝合金隔热型材性能指标　　表 2-157

试验项目	试　验　结　果					
	纵向抗剪特征值（N/mm）			横向抗拉特征值（N/mm）		
	室温 (23±2)℃	低温 (−20±2)℃	高温 (80±2)℃	室温 (23±2)℃	低温 (−20±2)℃	高温 (80±2)℃
纵向剪切试验	≥24			—	—	—
横向拉伸试验	—	—	—	≥24		

注：特征值不合格时，判该批不合格，但允许从该批产品中另取 4 根型材，每两根型材为一组，每根按照表 2-157 进行重复试验。重复试验结果全部合格，则判该批产品合格；若重复试验结果仍有试样不合格时，判该批产品不合格。

（11）抗裂砂浆/抗裂聚合物水泥砂浆应符合表 2-158 的要求。

抗裂砂浆性能指标　　　　　　　表 **2-158**

试 验 项 目		性能指标	备注
拉伸粘结强度（常温 28d）（MPa）		≥0.7	无机轻集料砂浆保温系统
浸水拉伸粘结强度（常温 28d,浸水 7d）（MPa）		≥0.5	
压折比		≤3.0	
拉伸粘结强度（与水泥砂浆）（MPa）	标准状态	≥0.7	胶粉聚苯颗粒外墙外保温系统
	浸水处理	≥0.5	
拉伸粘结强度（与胶粉聚苯颗粒浆料）（MPa）	标准状态	≥0.1	
	浸水处理	≥0.1	
压折比		≤3.0	
粘结强度（MPa）		≥1.0	硬泡聚氨酯、保温装饰板外墙外保温系统
压折比		≤3.0	

（12）抹面胶浆应符合表 2-159 的要求。

抹面胶浆性能指标　　　　　　　表 **2-159**

项 目		性 能 指 标
拉伸粘结强度（MPa）（与膨胀聚苯板或硬泡聚氨酯）	原强度	≥0.10，且不得破坏在粘结界面上
	耐水	
	耐冻融	

（13）界面砂浆/胶粘剂/粘结砂浆应符合表 2-160 的要求。

界面砂浆/胶粘剂/粘结砂浆性能指标　　　表 **2-160**

试 验 项 目		性能指标	备注
拉伸粘结强度（MPa）（与水泥砂浆）	原强度	≥0.5	胶粉聚苯颗粒外墙外保温系统
	浸水	≥0.3	
拉伸粘结强度（MPa）（与聚苯板）	原强度	≥0.10，且 EPS 或 XPS 板破坏	
	浸水		

试 验 项 目		性能指标	备注
拉伸粘结强度(MPa)	原强度	≥0.90	无机轻集料砂浆保温系统
	浸水	≥0.70	
拉伸粘结强度(MPa)(与水泥砂浆)	原强度	≥0.6	膨胀聚苯板薄抹灰、硬泡聚氨酯、保温装饰板外墙外保温系统
	浸水	≥0.4	
拉伸粘结强度(MPa)(与聚苯板或硬泡聚氨酯)	原强度	≥0.10,且不得破坏在粘结界面上	
	浸水		
拉伸粘结强度(MPa)(与保温装饰板)	原强度	与Ⅰ型≥0.10,与Ⅱ型≥0.15	
	浸水		

（14）外墙外保温柔性耐水腻子应符合表 2-161 的要求。

外墙外保温柔性耐水腻子性能指标 表 2-161

项 目	技 术 指 标
柔性	直径 50mm,无裂缝
耐水性	无起泡、无开裂、无掉粉

（15）墙地砖胶粘剂应符合表 2-162 的要求。

墙地砖胶粘剂性能指标 表 2-162

试 验 项 目		性能指标	备注
拉伸粘结强度(MPa)	原强度	≥0.5	普通性能
	浸水	≥0.5	
拉伸粘结强度(MPa)	原强度	≥1.0	附加性能
	浸水	≥1.0	

（16）墙地砖填缝剂应符合表 2-163 的要求。

墙地砖填缝剂性能指标 表 2-163

项 目	性能指标
标准试验条件下抗折强度(MPa)	>2.50
标准试验条件下抗压强度(MPa)	>15.0

项　　目		性　能　指　标
吸水量(g)	30min	<5.0
	240min	<10.0
横向变形		按生产厂家提供

（17）热镀锌电焊网应符合表 2-164 的要求。

热镀锌电焊网性能指标　　　　　　表 2-164

项　　目	性　能　指　标
焊点抗拉力(N)	>65
镀锌层质量(g/m²)	≥122

（18）耐碱网格布应符合表 2-165 的要求。

耐碱网格布性能指标　　　　　　表 2-165

试　验　项　目	性能指标		备注
耐碱断裂强力(经、纬向)(N/50mm)	普通型	≥1000	胶粉聚苯颗粒外墙外保温系统
	加强型	≥1500	
耐碱断裂强力保留率(经、纬向)(%)	普通型	≥80	
	加强型	≥90	
断裂伸长率(经、纬向)(%)	普通型	≤5.0	
	加强型	≤4.0	
耐碱断裂强力(经、纬向)(N/50mm)	≥750		膨胀聚苯板薄抹灰外墙外保温系统、无机轻集料砂浆保温系统
耐碱断裂强力保留率(经、纬向)(%)	≥50		
断裂伸长率(经、纬向)(%)	≤5.0		
耐碱断裂强力(经、纬向)(N/50mm)	普通型	≥750	硬泡聚氨酯、保温装饰板外墙外保温系统
	加强型	≥1500	
耐碱断裂强力保留率(经、纬向)(%)	≥50		
断裂伸长率(经、纬向)(%)	≤5.0		

(19) 锚栓应符合表 2-166 的要求。

锚栓性能指标　　　　　　　　　　表 2-166

试 验 项 目	性能指标	备注
单个锚栓抗拉承载力标准值(kN)	≥0.30	膨胀聚苯板薄抹灰外墙外保温系统
拉拔力标准值(kN)	≥0.6	保温装饰板外墙外保温系统
单个锚栓抗拉承载力标准值(kN)(混凝土基体)	≥0.6	无机轻集料砂浆保温系统
单个锚栓抗拉承载力标准值(kN)(其他砌体)	≥0.3	

(20) 不同标称截面的电缆、电线每芯导体最大电阻应符合表 2-167 的要求。

不同标称截面的电缆、电线每芯导体最大电阻　　表 2-167

标称截面(mm²)	20℃时导体最大电阻(Ω/km)圆铜导体(不镀金属)
0.5	36.0
0.75	24.5
1.0	18.1
1.5	12.1
2.5	7.41
4	4.61
6	3.08
10	1.83
16	1.15
25	0.727
35	0.524
50	0.387
70	0.268
95	0.193
120	0.153
150	0.124
185	0.0991
240	0.0754
300	0.0601

（21）玻璃

1）中空玻璃的露点检测≤－40℃为合格。

2）可见光透射比和遮阳系数应符合设计的要求和表 2-168 的要求。

低辐射镀膜玻璃可见光透射比要求　　　表 2-168

项目	允许偏差最大值（明示标称值）	允许最大差值（未明示标称值）
指标	±1.5%	≤3.0%

3 市政工程检测试验

3.1 土

3.1.1 概述

土是道路工程涉及到的最基本的材料，根据其颗粒组成特征可分为：细粒组、粗粒组、巨粒组。土的粒组划分见表 3-1。

土的粒组划分表　　　　表 3-1

200		60	20	5	2	0.5	0.25	0.075	0.002(mm)	
巨粒组		粗粒组							细粒组	
漂石 (块石)	卵石 (小块石)	砾(角砾)			砂			粉粒		黏粒
		粗	中	细	粗	中	细			

3.1.2 检测依据

《城镇道路工程施工与质量验收规范》CJJ 1—2008

《公路土工试验规程》JTG E40—2007

3.1.3 检测内容

施工前应根据工程地质勘查报告，对路基土进行天然含水率、液限、塑限、标准击实、CBR 试验。必要时应做颗粒分析、有机质含量、易容盐含量、冻膨胀和膨胀量等试验。

3.1.4 取样要求

(1) 土样的采集、运输、保管是确保检测结果准确的重要环节，对桥梁、涵洞、隧道的天然地基应采取原状土样，对填土路基可采取扰动土样。

(2) 取原状土样时必须保持土样原状结构及天然含水率，并使土样不受扰动，采取扰动土时，应清除表层土，然后分层用四分法取样。

（3）取样后，对要保持天然含水率的样品，应立即存入能密封的容器中。所有样品应有明确的标识，标识中至少应有工程名称、样品名称、取样地点、取样时间、取样人、原状或扰动等信息，标识应清晰牢固。再运输及交接过程中应保持样品的完整。

（4）应根据不同参数标准中规定检测需要的样品数量来确定取样量。取样量一般大于检测需要的样品数量1～10倍，见表3-2。

单项检验项目最小取样质量　　　　表 3-2

序号	参 数	样 品 质 量	
1	含水率	细粒土	500g
		砂类土、有机质土	1kg
		砂砾石	40kg
2	颗粒分析	小于2mm颗粒	5kg
		最大粒径小于10mm	20kg
		最大粒径小于20mm	40kg
		最大粒径小于40mm	80kg
		最大粒径大于40mm	100kg
3	液、塑限	5kg	
4	击实	50kg	
5	CBR	60kg	
6	易溶盐	0.5kg	
7	机质烧失量	1kg	

3.1.5　技术要求

（1）路基填方材料的强度（CBR）值应符合设计要求，其最小值应符合表3-3要求，对液限大于50％、塑限指数大于26、易溶盐含量大于5％、700℃有机质烧失量大于8％的土，未经技术处理不得用作路基填料。

路基填料强度（CBR）的最小值　　　表3-3

填方类型	路床顶面以下深度（cm）	最小强度（%）	
		城市快速路、主干道	其他等级道路
路床	0～30	8.0	6.0
路基	30～80	5.0	4.0
路基	80～150	4.0	3.0
路基	大于150	3.0	2.0

（2）路基压实度应符合表3-4的规定。

路基压实度标准　　　表3-4

填挖类型	路床顶面以下深度（cm）	道路类别	压实度（%）（重型击实）	检验频率		检验方法
				范围	点数	
挖方	0～30	城市快速路、主干路	95			
		次干路	93			
		支路及小路	90			
填方	0～80	城市快速路、主干路	95			细粒土用环刀法，粗粒土用灌水法或灌砂法
		次干路	93	1000m²	每层1组（3点）	
		支路及小路	90			
	>80～150	城市快速路、主干路	93			
		次干路	90			
		支路及小路	90			
	>150	城市快速路、主干路	90			
		次干路	90			
		支路及小路	87			

3.2　无机结合料稳定材料

3.2.1　概述

无机结合料包括水泥、石灰、粉煤灰及其他工业废渣。无机结合料稳定材料是指在粉碎的或原来松散的材料（包括各种粗、中、细粒土）中，掺入足量的无机结合料和水，经拌和得到的混合料。

3.2.2　检测依据

《城镇道路工程施工与质量验收规范》CJJ 1—2008

《公路工程无机结合料稳定材料试验规程》JTG E51—2009

3.2.3　检测内容

（1）水泥常规检测项目：强度、安定性、凝结时间、细度。

（2）石灰检测项目：有效氧化钙和氧化镁含量。

（3）粉煤灰检测项目：二氧化硅（SiO_2）、三氧化二铝（Al_2O_3）和三氧化二铁（Fe_2O_3）总含量、烧失量、细度、比表面积。

（4）石灰稳定土、石灰、粉煤灰稳定砂砾（碎石）、石灰粉煤灰钢渣、水泥稳定土等无机结合料稳定材料应进行 7d 无侧限抗压强度检测。

3.2.4　取样要求

（1）水泥取样要求参见 2.1.4。

（2）石灰应按不同生产厂商、不同规格、分批进场的应分别取样。在堆料的上部、中部和下部不同方位各取一份试样，混合后用四分法缩分至约 5kg。

（3）粉煤灰应按不同生产厂商、不同规格分别取样。在堆料的上部、中部和下部不同方位各取一份试样，混合后用四分法缩分至约 1kg。

（4）无机结合料稳定材料 7d 无侧限抗压强度检测取样应符合以下要求：

① 每 2000m² 抽检 1 组，1 组的试件数量应符合表 3-5 要求。

② 进行混合料验证的取样：在摊铺时，取 3 到 4 台不同料车的料混合在一起，用四分法获取检测用样品。

③ 评价施工离散型的取样：在摊铺宽度范围内左中右三处，压实后平整时取样，获得的样品混合在一起，用四分法获取检测用样品。

无机结合料稳定材料7d无侧限抗压强度检测试件数量

表 3-5

土壤类别	试件尺寸(直径×高度)mm	变异系数			技术要求
		<10%	10%～15%	15%～20%	
		试件数量至少(个)			符合设计规范要求
细粒土	φ50×50	6	9	/	
中粒土	φ100×100	6	9	13	
粗粒土	φ150×150	/	9	13	

④ 样品应及时成型。

3.2.5 技术要求

(1) 水泥的技术要求见2.1.5。

(2) 宜用Ⅰ～Ⅲ的新石灰，石灰的技术指标应符合表3-6的要求。对储存较久或经过雨期的消解石灰应经检验，根据有效氧化钙、氧化镁含量决定是否使用和使用方法。

石灰技术指标　　　　表 3-6

类别 项目	钙质生石灰			镁质生石灰			钙质消石灰			镁质消石灰		
	等　　　级											
	Ⅰ	Ⅱ	Ⅲ	Ⅰ	Ⅱ	Ⅲ	Ⅰ	Ⅱ	Ⅲ	Ⅰ	Ⅱ	Ⅲ
有效钙加氧化镁含量(%)	≥85	≥80	≥70	≥80	≥75	≥65	≥65	≥60	≥55	≥60	≥55	≥50
未消化残渣含5mm圆孔筛的筛余(%)	≤7	≤11	≤17	≤10	≤14	≤20						
含水量(%)	—	—	—	—	—	—	≤4	≤4	≤4	≤4	≤4	≤4
细度	0.71mm方孔筛的筛余(%)	—	—	—	—	—	—	0	≤1	≤1	0	≤1	≤1
	0.125mm方孔筛的筛余(%)	—	—	—	—	—	—	≤13	≤20	—	≤13	≤20	—
钙镁石灰的分类界限，氧化镁含量(%)	≤5			>5			≤4			>4		

注：硅、铝、镁氧化物含量之和大于5%的生石灰，有效钙加氧化镁含量指标，Ⅰ等≥75%，Ⅱ等≥70%，Ⅲ等≥60%；未消化残渣含量指标均与镁质生石灰指标相同。

（3）粉煤灰应符合表 3-7 的要求。当 700℃烧失量大于 10％时，应经试验确认混合料强度符合要求时，方可使用。

粉煤灰技术指标   表 3-7

检 测 项 目		技术指标
SiO_2、AL_2O_3 和 Fe_2O_3 总含量		＞70％
700℃烧失量		≤10％
比表面积		＞2500cm^2/g
细度	通过 0.3mm 筛孔	90％
	通过 0.075mm 筛孔	70％

3.3　集料（骨料）

3.3.1　概述

集料也称骨料，主要包括碎石、砾石、机制砂、石屑、砂等。集料是在混合料中起骨架和填充作用的颗粒，用于道路某一结构层，如砂垫层、级配砂砾、级配砾石基层、沥青混合料面层、水泥混凝土面层等。集料按照其粒径大小分为粗集料和细集料。

3.3.2　检测依据

《城镇道路工程施工与质量验收规范》CJJ 1—2008
《公路工程集料试验规程》JTG E42—2005
《钢渣稳定性试验方法》GB/T 24175

3.3.3　检测内容

集料常规检测项目见表 3-8。

集料常规检测项目   表 3-8

序号	样品名称	作用	常规检测项目
1	砂	垫层	级配
2	碎石、砂砾	稳定土类基层	级配、压碎值、有机质含量、硫酸盐含量

序号	样品名称	作用	常规检测项目
3	钢渣	稳定土类基层	级配、有效氧化钙、压碎值、粉化率、相对表观密度
4	级配砂砾及级配砾石	基层	级配、含泥量、针片状含量、液限、塑形指标、软弱颗粒含量
5	粗集料	沥青混合料	级配、压碎值、洛杉矶磨耗、表观密度、吸水性、坚固性、针片状含量、软弱颗粒含量
6	粗集料	水泥混凝土路面	级配、压碎值、坚固性、针片状含量、含泥量、泥块含量。有机物含量、三氧化硫含量、空隙率、碱活性、抗压强度
7	细集料	沥青混合料	级配、表观相对密度、坚固性、含泥量、砂当量、亚甲蓝值、棱角性(流动时间)
8	细集料	水泥混凝土路面	级配、含泥量、三氧化硫含量、氯化物、有机质含量
9	矿粉	沥青混合料	表观密度、含水率、粒度范围、亲水系数、塑性指标、加热安定性

3.3.4 取样要求

(1) 粗集料各试验项目最小取样质量、最小试验用量见表3-9、表3-10、表3-11。

粗集料各试验项目所需最小取样质量 (1)   表3-9

试验项目	相对于下列公称最大粒径(mm)的最小取样量(kg)										
	4.75	9.5	13.2	16	19	26.5	31.5	37.5	53	63	75
筛分	8	10	12.5	15	20	20	30	40	50	60	80
表观密度	6	8	8	8	8	8	12	16	20	24	24
含水率	2	2	2	2	2	2	3	3	4	4	6
吸水率	2	2	2	2	4	4	4	6	6	6	8
堆积密度	40	40	40	40	40	40	80	80	100	120	120
含泥量					24	24	40	40	60	80	80
泥块含量	8	8	8	8	24	24	40	40	60	80	80
针片状含量	0.6	1.2	2.5	4	8	8	20	40	—	—	—
硫化物、硫酸盐	1.0										

粗集料各试验项目所需最小试验用量（2） 表 3-10

序号	试 验 项 目	最小试验用量
1	有机质含量	1kg
2	三氧化硫含量	1kg
3	洛杉矶磨耗	10kg
4	软弱颗粒	4kg
5	碱活性	颗粒直径 37.5～19mm，50kg

粗集料坚固性试验所需的各粒级试样质量 表 3-11

公称粒级(mm)	2.36～4.75	4.75～9.5	9.5～19	19～37.5	37.5～63	63～75
试样质量(g)	500	500	1000	1500	3000	5000

（2）细集料各试验项目最小试验用量见表 3-12。

细集料各试验项目最小试验用量 表 3-12

序号	试 验 项 目	最小试验用量(g)
1	级配及粗细程度	1100
2	表观相对密度	700
3	坚固性	各粒径不少于 100
4	砂当量	1000
5	含泥量	1000
6	亚甲蓝值	400
7	棱角性(流动时间)	6000
8	有机质含量	1000

（3）在材料场同批来料的堆上取样时，应先铲除堆脚等处无代表性的部分，再在料堆的顶部中部和底部，各均匀分布的几个不同部位，取得大致相等若干份，组成一组试样，务必使试样能够代表本批来料的情况和品质。一般情况下，按上述方法取得至少是试验用量的 5 倍的样品量，再用"四分法"（参见 2.2.4.3）来获得至少是试验量的 2 倍样品量送试验室。

3.3.5 技术要求

（1）石灰、粉煤灰稳定砂砾基层所用砂砾、碎石应经破碎、筛分，级配宜符合表 3-13 的规定，破碎砂砾中最大粒径不得大于 37.5mm。

砂砾、碎石级配　　　　　　　表 3-13

筛孔尺寸 (mm)	通过质量百分率（%）			
	级配砂砾		级配碎石	
	次干路及以下道路	城市快速路、主干路	次干路及以下道路	城市快速路、主干路
37.5	100	—	100	—
31.5	85~100	100	90~100	100
19.0	65~85	85~100	72~90	81~98
9.50	50~70	55~75	48~68	52~70
4.75	35~55	39~59	30~50	30~50
2.36	25~45	27~47	18~38	18~38
1.18	17~35	17~35	10~27	10~27
0.60	10~27	10~25	6~20	8~20
0.075	0~15	0~10	0~7	0~7

（2）石灰、粉煤灰、钢渣稳定土类基层所用钢渣破碎后堆存时间不应少于半年，且达到稳定状态，游离氧化钙（f-CaO）含量应小于 3%，粉化率不得超过 5%。钢渣最大粒径不得大于 37.5mm，压碎值不得大于 30%，且应清洁，不含废镁砖及其他有害物质。钢渣质量密度应以实际测试值为准。钢渣颗粒组成应符合表 3-14 的规定。

钢渣混合料中钢渣颗粒组成　　　表 3-14

通过下列筛孔（mm，方孔）的质量（%）								
37.5	26.5	16	9.5	4.75	2.36	1.18	0.60	0.075
100	95~100	60~85	50~70	40~60	27~47	20~40	10~30	0~15

（3）水泥稳定土类基层粒料应符合下列要求：

168

1）当作基层时，粒料最大粒径不宜超过 37.5mm；

2）当作底基层时，粒料最大粒径：对城市快速路、主干路不得超过 37.5mm；对次干路及以下道路不得超过 53mm；

3）碎石、砾石、煤矸石等的压碎值：对城市快速路、主干路基层与底基层不得大于 30％；对其他道路基层不得大于 30％，对底基层不得大于 35％；

4）集料中有机质含量不得超过 2％；

5）集料中硫酸盐含量不得超过 0.25％；

6）钢渣尚应符合表 3-14 的有关规定。

7）稳定土的颗粒范围和技术指标宜符合表 3-15 的规定。

水泥稳定土类的粒料范围及技术指标　　　　表 3-15

项目		通过质量百分率（%）				
		底基层		基层		
		次干路	城市快速路、主干路	次干路		城市快速路、主干路
筛孔尺寸（mm）	53	100	—	—		—
	37.5	—	100	100	90～100	—
	31.5	—	—	90～100	—	100
	26.5	—	—	—	66～100	90～100
	19	—	—	67～90	54～100	72～89
	9.5	—	—	45～68	39～100	47～67
	4.75	50～100	50～100	29～50	28～84	29～49
	2.36	—	—	18～38	20～70	17～35
	1.18	—	—	—	14～57	—
	0.60	17～100	17～100	8～22	8～47	8～22
	0.075	0～50	0～30②	0～7	0～30	0～7①
	0.002	0～30	—	—	—	—
液限（%）		—	—	—	—	＜28
塑性指数		—	—	—	—	＜9

① 集料中 0.5mm 以下细料土有塑性指数时，小于 0.075mm 的颗粒含量不得超过 5％；细粒土无塑性指数时，小于 0.075mm 的颗粒含量不得超过 7％；

② 当用中粒土、粗粒土作城市快速路、主干路底基层时，颗粒组成范围宜采用 0～30％作次干路基层的组成。

（4）级配砂砾及级配砾石材料应符合下列要求：

1）天然砂砾应质地坚硬，含泥量不得大于砂质量（粒径小于 5mm）的 10%，砾石颗粒中细长及扁平颗粒的含量不得超过 20%。

2）级配砾石作次干路及其以下道路底基层时，级配中最大粒径宜小于 53mm，作基层时最大粒径不得大于 37.5mm。

3）级配砂砾及级配砾石的颗粒范围和技术指标宜符合表 3-16 的规定。

级配砂砾及级配砾石的颗粒范围及技术指标　　表 3-16

项目		通过质量百分率（%）		
		基层	底基层	
		砾石	砾石	砂砾
筛孔尺寸（mm）	53		100	100
	37.5	100	90～100	80～100
	31.5	90～100	81～94	
	19.0	73～88	63～81	
	9.5	49～69	45～66	40～100
	4.75	29～54	27～51	25～85
	2.36	17～37	16～35	
	0.6	8～20	8～20	8～45
	0.075	0～7②	0～7②	0～15
液限（%）		<28	<28	<28
塑性指数		<6（或 9①）	<6（或 9①）	<9

① 潮湿多雨地区塑性指数宜小于 6，其他地区塑性指数宜小于 9；
② 对于无塑性的混合料，小于 0.075mm 的颗粒含量接近高限。

4）集料压碎值应符合表 3-17 的规定。

（5）级配碎石及级配碎砾石材料应符合下列规定：

1）轧制碎石的砾石粒径应为碎石最大粒径的 3 倍以上，碎石中不得有黏土块、植物根叶、腐殖质等有害物质。

2）碎石中针片状颗粒的总含量不得超过 20%。

3）级配碎石及级配碎砾石颗粒范围和技术指标应符合表 3-17的规定。

级配碎石及级配碎砾石的颗粒范围及技术指标　　表 3-17

项目		通过质量百分率(%)			
		基层		底基层③	
		次干路及以下道路	城市快速路、主干路	次干路及以下道路	城市快速路、主干路
筛孔尺寸(mm)	53			100	
	37.5	100		85～100	100
	31.5	90～100	100	69～88	83～100
	19.0	73～88	85～100	40～65	54～84
	9.5	49～69	52～74	19～43	29～59
	4.75	29～54	29～54	10～30	17～45
	2.36	17～37	17～37	8～25	11～35
	0.6	8～20	8～20	6～18	6～21
	0.075	0～7②	0～7②	0～10	0～10
液限(%)		<28	<28	<28	<28
塑性指数		<9①	<9①	<9①	<9①

① 潮湿多雨地区塑性指数宜小于 6，其他地区塑性指数宜小于 9；
② 对于无塑性的混合料，小于 0.075mm 的颗粒含量接近高限；
③ 底基层所列为未筛分碎石颗粒组成范围。

4）集料压碎值应符合表 3-18 的规定。

级配碎石及级配碎砾石压碎值　　表 3-18

项　目	压　碎　值	
	基　层	底基层
城市快速路、主干路	<26%	<30%
次干路	<30%	<35%
次干路以下道路	<35%	<40%

5）碎石或碎砾石应为多棱角块体，软弱颗粒含量应小于5％；扁平细长碎石含量应小于20％。

（6）沥青混合料用粗集料应符合下列要求：

1）粗集料应符合工程设计规定的级配范围。

2）骨料对沥青的粘附性，城市快速路、主干路应大于或等于4级；次干路及以下道路应大于或等于3级。集料具有一定的破碎面颗粒含量，具有1个破碎面宜大于90％，2个及以上的宜大于80％。

3）粗集料的质量技术要求应符合表3-19的规定。

沥青混合料用粗集料质量技术要求　　表3-19

指　标	单位	城市快速路、主干路		其他等级道路	试验方法
		表面层	其他层次		
石料压碎值，≤	％	26	28	30	T0316
洛杉矶磨耗损失，≤	％	28	30	35	T0317
表观相对密度，≥	—	2.60	2.5	2.45	T0304
吸水率，≤	％	2.0	3.0	3.0	T0304
坚固性，≤	％	12	12	—	T0314
针片状颗粒含量（混合料），≤ 其中粒径大于9.5mm，≤ 其中粒径小于9.5mm，≤	％ ％ ％	15 12 18	18 15 20	20	T0312
水洗法＜0.075mm 颗粒含量，≤	％	1	1	1	T0310
软石含量，≤	％	3	5	5	T0320

注：1. 坚固性试验可根据需要进行。

2. 用于城市快速路、主干路时，多孔玄武岩的视密度可放宽至2.45t/m³，吸水率可放宽至3％，但必须得到建设单位的批准，且不得用于SMA路面。

3. 对S14即3～5规格的粗集料，针片状颗粒含量可不予要求，小于0.075mm含量可放宽到3％。

4）粗集料的粒径规格应按表3-20的规定生产和使用。

172

沥青混合料用粗集料规格

表 3-20

规格名称	公称粒径(mm)	\multicolumn{13}{c}{通过下列筛孔(mm)的质量百分率(%)}

规格名称	公称粒径(mm)	106	75	63	53	37.5	31.5	26.5	19.0	13.2	9.5	4.75	2.36	0.6
S1	40~75	100	90~100	—	—	0~15		0~5						
S2	40~60		100	90~100	—	0~15	—	0~5						
S3	30~60		100	90~100	—	—	0~15		0~5					
S4	25~50			100	90~100	—		0~15	—	0~5				
S5	20~40				100	90~100	—		0~15	—	0~5			
S6	15~30					100	90~100		—	0~15		0~5		
S7	10~30					100	90~100	—		—	0~15	0~5		
S8	10~25						100	90~100	—	0~15		0~5		
S9	10~20							100	90~100	—	0~15	0~5		
S10	10~15								100	90~100	0~15	0~5		
S11	5~15								100	90~100	40~70	0~15	0~5	
S12	5~10									100	90~100	0~15	0~5	
S13	3~10									100	90~100	40~70	0~20	0~5
S14	3~5										100	90~100	0~15	0~3

(7) 沥青混合料用细集料应符合下列要求：

1) 含泥量，对城市快速路、主干路不得大于 3％；对次干路及其以下道路不得大于 5％。

2) 与沥青的粘附性小于 4 级的砂，不得用于城市快速路和主干路。

3) 细集料的质量要求应符合表 3-21 的规定。

细集料质量要求　　　　　　　　　　表 3-21

项　　目	单位	城市快速路、主干路	其他等级道路	试验方法
表现相对密度	—	≥2.50	≥2.45	T0328
坚固性（>0.3mm 部分）	％	≥12	—	T0340
含泥量（小于 0.075mm 的含量）	％	≥3	≤5	T0333
砂当量	％	≥60	≥50	T0334
亚甲蓝值	g/kg	≤25		T0346
棱角性（流动时间）	s	≥30		T0345

注：坚固性试验可根据需要进行。

4) 沥青混合料用天然砂规格见表 3-22。

沥青混合料用天然砂规格　　　　　表 3-22

筛孔尺寸（mm）	通过各孔筛的质量百分率（％）		
	粗砂	中砂	细砂
9.5	100	100	100
4.75	90～100	90～100	90～100
2.36	65～95	75～90	85～100
1.18	35～65	50～90	75～100
0.6	15～30	30～60	60～84
0.3	5～20	8～30	15～45
0.15	0～10	0～10	0～10
0.075	0～5	0～5	0～5

5) 沥青混合料用机制砂或石屑规格见表 3-23。

174

沥青混合料用机制砂或石屑规格　　表 3-23

规格	公称粒径 (mm)	水洗法通过各筛孔的质量百分数(%)							
		9.5	4.75	2.36	1.18	0.6	0.3	0.15	0.075
S15	0~5	100	90~100	60~90	40~75	20~55	7~40	2~20	0~10
S16	0~3	—	100	80~100	50~80	25~60	8~45	0~25	0~15

注：当生产石屑采用喷水抑制扬尘工艺时，应特别注意含粉量不得超过表中要求。

6）矿粉应用石灰岩等憎水性石料磨制。当用粉煤灰作填料时，其用量不得超过填料总量 50%。沥青混合料用矿粉质量要求应符合表 3-24 的规定。

沥青混合料用矿粉质量要求　　表 3-24

项目	单位	城市快速路、主干路	其他等级道路	试验方法
表观密度，不小于	t/m³	2.50	2.45	T0352
含水量，不小于	%	1	1	T0103 烘干法
粒度范围<0.6mm <0.15mm <0.075mm	% % %	100 90~100 75~100	100 90~100 70~100	T0351
外观	—	无团粒结块		—
亲水系数	—	<1		T0353
塑性指数	%	<4		T0354
加热安定性	—	实测记录		T0355

7）纤维稳定剂应在 250℃ 条件下不变质。不宜使用石棉纤维。木质纤维素技术要求应符合表 3-25 的规定。

木质素纤维技术要求　　表 3-25

项目	单位	指标	试验方法
纤维长度	mm	≤6	水溶液用显微镜观测
灰分含量	%	18±5	高温 590℃~600℃ 燃烧后测定残留物
pH 值	—	7.5±1.0	水溶液用 pH 试纸或 pH 计测定

项目	单位	指标	试验方法
吸油率	—	≥纤维质量的5倍	用煤油浸泡后放在筛上经振敲后称量
含水率(以质量计)	%	≤5	105℃烘箱烘2h后的冷却称量

(8) 水泥混凝土用粗集料应符合下列要求：

1) 粗集料应采用质地坚硬、耐久、洁净的碎石、砾石、破碎砾石，并应符合表3-26的规定。城市快速路、主干路、次干路及有抗（盐）冻要求的次干路、支路混凝土路面使用的粗集料级别应不低于Ⅰ级。Ⅰ级集料吸水率不应大于1.0%，Ⅱ级集料吸水率不应大于2.0%。

粗集料技术指标　　　　表 3-26

项目	技术要求	
	Ⅰ级	Ⅱ级
碎石压碎指标(%)	<10	<15
砾石压碎指标(%)	<12	<14
坚固性(按质量损失计%)	<5	<8
针片状颗粒含量(按质量计%)	<5	<15
含泥量(按质量计%)	<0.5	<1.00
泥块含量(按质量计%)	<0	<0.2
有机物含量(比色法)	合格	合格
硫化物及硫酸盐(按 SO₃质量计%)	<0.5	<1.0
空隙率	<47%	
碱集料反应	经碱集料反应试验后无裂缝、酥缝、胶体外溢等现象，在规定试验龄期的膨胀率小于0.10%	
抗压强度(MPa)	火成岩，≥100;变质岩，≥80;水成岩，≥60	

2) 粗集料宜采用人工级配。其级配范围宜符合表3-27的规定。

粒径\级配	方筛孔尺寸(mm)							
	2.36	4.75	9.50	16.0	19.0	26.5	31.5	37.5
	累计筛余(以质量计)(%)							
4.75～16	95～100	85～100	40～60	0～10				
4.75～19	95～100	85～95	60～75	30～45	0～5	0		
4.75～26.5	95～100	90～100	70～90	50～70	25～40	0～5	0	
4.75～31.5	95～100	90～100	75～90	60～75	40～60	20～35	0～5	0

3) 粗集料的最大公称粒径, 碎砾石不得大于 26.5mm, 碎石不得大于 31.5mm, 砾石不宜大于 19.0mm; 钢纤维混凝土粗集料最大粒径不宜大于 19.0mm。

(9) 水泥混凝土用细集料应符合下列规定:

1) 宜采用质地坚硬、细度模数在 2.5 以上、符合级配规定的洁净粗砂、中砂。

2) 砂的技术要求应符合表 3-28 的规定。

项 目			技 术 要 求					
颗粒级配	筛孔尺寸(mm)		粒 径					
			0.15	0.30	0.60	1.18	2.36	4.75
	累计筛余量(%)	粗砂	90～100	80～95	71～85	35～65	5～35	0～10
		中砂	90～100	70～92	41～70	10～50	0～25	0～10
		细砂	90～100	55～85	16～40	10～25	0～15	0～10
泥土杂物含量(冲洗法)(%)			一级		二级		三级	
			<1		<2		<3	
硫化物和硫酸盐含量(折算为 SO_3)(%)			<0.5					
氯化物(氯离子质量计)			≤0.01		≤0.02		≤0.06	
有机物含量(比色法)			颜色不应深于标准溶液的颜色					
其他杂物			不得混有石灰、煤渣、草根等其他杂物					

3) 使用机制砂时, 除应满足表 3-28 的规定外, 还应检验砂磨

光值，其值宜大于 35，不宜使用抗磨性较差的水成岩类机制砂。

4）城市快速路、主干路宜采用一级砂和二级砂。

5）海砂不得直接用于混凝土面层。淡化海砂不得用于城市快速路、主干路、次干路，可用于支路。

3.4　土工合成材料

3.4.1　概述

土工合成材料是工程建设中应用的以人工合成或天然聚合物为原料制成的工程材料的总称，其主要品种有土工织物、土工膜、土工复合材料、土工特种材料等。

3.4.2　检测依据

《公路土工合成材料应用技术规程》JTG/T D32—2012

《公路土工合成材料试验规程》JTG E 50—2006

3.4.3　检测内容

土工合成材料的检测试验项目见表 3-29。

3.4.4　取样要求

（1）按表 3-29 规定的频度进行抽样，所选卷材应无破损、卷装呈原封不动状。

（2）全部试验的试样应在同一样品中裁取。

（3）卷装材料的头两层不应取作样品。

3.4.5　技术要求

（1）施工前应对拟采用的土工合成材料，根据设计文件提供的设计指标，表 3-29 所列试验项目和频度进行复验，按设计要求或相关规范进行验收。施工过程中，当材料来源发生变化，应重新进行复验。

（2）独立用于路基防排水的无纺土工织物，强度应符合表 3-30 的规定，单位面积质量宜为 $300\sim500g/m^2$。通常环境条件下宜采用Ⅱ级，所处环境条件良好时可采用Ⅲ级，遇有冲刺等较恶劣环境条件时应采用Ⅰ级。

土工合成材料试验项目

表3-29

材料 / 试验项目	加筋		排水	过滤	防渗/隔离	坡面防护	冲刷防护		防冶差异沉降		路面防裂		频度
	土工织物	土工格栅/格室	排水材料	土工织物	土工膜	土工网/格栅/格室	土工织物	土工模袋	土工织物	土工格栅/格室	土工织物	玻璃纤维格栅	
单位面积质量	★	△	★	★	★	△	★	★	★	△	★	△	1次/10000m²
厚度	△	△	★	★	★	△	★	★	△	△	△	△	1次/10000m²
孔径	×	★	△	△	×	★	×	×	×	★	×	★	1次/10000m²
几何尺寸	★	★	★	★	★	★	★	★	★	★	★	★	1次/10000m²
垂直渗透系数	×	×	★	★	×	×	★	×	×	×	×	×	1次/10000m²
水平渗透系数	×	×	★	★	×	×	★	×	×	×	×	×	1次/10000m²
有效孔径	×	×	△	★	×	×	△	×	△	×	×	×	1次/10000m²
淤堵	×	×	★	★	×	×	△	×	△	×	×	×	1次/10000m²
耐静水压	×	×	△	△	★	×	×	★	×	×	×	×	1次/10000m²
拉伸强度	★	★	★	★	★	△	★	★	★	★	★	★	1次/10000m²
*CBR顶破	★	×	★	★	★	△	△	△	△	★	★	×	1次/10000m²
刺破	×	×	×	×	★	★	×	×	×	★	★	★	1次/10000m²
节点/焊点强度	×	★	×	×	×	×	×	×	×	★	×	★	1次/批
直接剪切摩擦	×	★	×	×	×	×	×	×	×	★	×	△	1次/批
拉拔摩擦	★	★	×	×	×	×	×	★	★	★	×	△	1次/批

注：1. ★为必做试验项目；△为选做试验项目；×为不做试验项目。
2. 试验频度亦可根据工程规模、所用材料数量由设计单位或监理单位确定。当材料数量不足10000m²时，抽样频度亦取1次。
3. 当土工合成材料兼起两种和或多种功能时，应测试各功能所包含的所有试验项目。

179

无纺土工织物强度的基本要求 表 3-30

测试项目	单位	用途分类					
		Ⅰ级		Ⅱ级		Ⅲ级	
		伸长率<50%	伸长率≥50%	伸长率<50%	伸长率≥50%	伸长率<50%	伸长率≥50%
握持强度	N	≥1400	≥900	≥1100	≥700	≥800	≥500
撕裂强度	N	≥500	≥350	≥400	≥250	≥300	≥175
CBR顶破强度	N	≥3500	≥1750	≥2750	≥1350	≥2100	≥950

注：表列数值指卷材沿强度最弱方向测试的最低平均值。

（3）防治路基不均匀沉降的土工合成材料性能应满足表3-31的要求。

防治路基不均匀沉降土工合成材料要求 表 3-31

材料	要求
土工格栅、高强土工织物	极限抗拉强度≥50kN/m,2%伸长率时的抗拉强度≥20kN/m
EPS块	密度在20~30kg/m³之间,抗压强度≥100kPa
土工格室	格室片极限抗拉强度≥20MPa,焊接处极限抗拉强度≥20kN/m,高度≥10cm。宜用于软弱地基顶部形成垫层

（4）用于沥青路面裂缝防治的土工合成材料应满足表3-32~表3-35的要求。

用于路面裂缝防治的聚酯玻纤无纺土工织物技术要求
表 3-32

单位面积质量	抗拉强度	极限抗拉强度纵、横比	极限延伸率（纵、横向）	CBR顶破强度
125~200g/m³	≥8.0kN/m	1.00~1.20	≤5%	≥0.55kN

用于路面裂缝防治的玻璃纤维格栅技术要求 表 3-33

技术指标	技术要求
原材料	无碱玻璃纤维、碱金属氧化物含量应不大于0.8%
网孔形状与尺寸	矩形,孔径宜为其上铺筑的沥青面层材料最大粒径的0.5~1.0倍

技术指标	技 术 要 求
极限抗拉强度	≥50kN/m
极限伸长率	≤4%
热老化后断裂强度	经170℃、1h热处理后,其经向和纬向拉伸断裂强度应不小于原强度的90%

用于路面裂缝防治的长丝纺粘针刺非织造土工织物技术要求

表 3-34

单位面积质量	极限抗拉强度	CBR 顶破强度	纵、横向撕破强度	沥青浸油量
≤200g/m²	≥7.5kN/m	≥1.4kN	≥0.21kN	≥1.2kg/m²

用于路面裂缝防治的聚丙烯非织造土工织物技术要求

表 3-35

单位面积质量	抗拉强度	极限抗拉强度纵、横比	极限延伸率(纵、横向)	CBR 顶破强度	沥青浸油量
120～160g/m²	≥9.0kN/m	≥0.80	≤40%	≥2kN	≥1.2kg/m²

3.5 沥青及沥青混合料

3.5.1 概述

沥青按地质形成和提炼方法分为地沥青和焦油沥青两大类。地沥青按其产源不同分为石油沥青和天然沥青,石油沥青即是通常所指的沥青。沥青混合料是由矿料与沥青拌合而成的混合料。

3.5.2 检测依据

《城镇道路工程施工与质量验收规范》CJJ 1—2008

《公路工程沥青及混合料试验规程》JTG E20—2011

3.5.3 检测内容及技术要求

(1) 道路石油沥青的主要检测内容和技术指标应符合表3-36的要求。宜优先采用 A 级沥青作为道路面层使用。B 级沥青可作为次干路及其以下道路面层使用。当缺乏所需标号的沥青时,可采用不同标号沥青掺配,掺配比应经试验确定。

表 3-36

道路石油沥青的主要技术要求

指标	单位	等级	150①	130②	110	90	70③	50③	30④
针入度(25℃,5s,100g)	0.1mm	—	140~200	120~140	100~120	80~100	60~80	40~60	20~40
适用的气候分区①	—	—	注④	注④	2-1　2-2　2-3	1-1　1-2　1-3　2-2　2-3	1-3　1-4　2-2　2-3　2-4	1-4	注④
针入度指数 PI②	—	A	-1.5~+1.0						
		B	-1.8~+1.0						
软化点(R&B),≥	℃	A	38	40	43	45	46　45	49	55
		B	36	39	42	43	44　43	46	53
		C	35	37	41	42	43	45	50
60℃动力黏度②,≥	Pa·s	A	—	60	120	160	180	200	260
10℃延度②,≥	cm	A	50	50	40	30　20	20　15	15	10
		B	30	30	30	20　15	20　15　10	10	8
15℃延度,≥	cm	A,B	100					80	50
		C	80	80	60	50	40	30	20

指标	单位	等级	沥青标号						
			160	130	110	90	70③	50	30
蜡含量(蒸馏法),≤	%	A	2.2						
		B	3.0						
		C	4.5						
闪点,≥	℃		230			245		260	
溶解度,≥	%		99.5						
密度(15℃)	g/m³		实测记录						
TFOT(或RTFOT)后⑤									
质量变化,≤	%		±0.8						
残留针入度比(25℃),≥	%	A	48	54	55	57	61	63	65
		B	45	50	52	54	58	60	62
		C	40	45	48	50	54	58	60
残留延度(10℃),≥	cm	A	12	12	10	8	6	4	—
		B	10	10	8	6	4	2	—
残留延度(15℃),≥	cm	C	40	35	30	20	15	10	—

（2）乳化沥青的质量应符合表 3-37 的规定。在高温条件下宜采用粘度较大的乳化沥青，寒冷条件下宜使用粘度较小的乳化沥青。

道路用乳化沥青技术要求 表 3-37

试验项目	单位	阳离子				阴离子				非离子		试验方法
		喷洒用			搅拌用	喷洒用			搅拌用	喷洒用	搅拌用	
		PC-1	PC-2	PC-3	BC-1	PA-1	PA-2	PA-3	BA-1	PN-2	BN-1	
破乳速度	—	快裂	慢裂	快裂或中裂	慢裂或中裂	快裂	慢裂	快裂或中裂（一）	慢裂或中裂	慢裂	慢裂	T0658
粒子电荷	—	阳离子（+）				阴离子（一）				非离子		T0653
筛上残留物(1.18mm筛)，≤	%	0.1				0.1				0.1		T0652
黏度 恩格拉黏度计E25	—	2~10	1~6	1~6	2~30	2~10	1~6	1~6	2~30	1~6	2~30	T0622
道路标准黏度计C25.3	S	10~25	8~20	8~20	10~60	10~25	8~20	8~20	10~60	8~20	10~60	T0621
蒸发残留物 残留分含量，≥	%	50	50	50	55	50	50	50	55	50	55	T0651
溶解度，≥	%	97.5				97.5				97.5		T0607
针入度(25℃)	0.1mm	50~200	50~300	45~150	45~150	50~200	50~300	45~150	45~150	50~300	60~300	T0604

试验项目	单位	品种代号										试验方法
		阳离子				阴离子				非离子		
		喷洒用			搅拌用	喷洒用			搅拌用	喷洒用	搅拌用	
		PC-1	PC-2	PC-3	BC-1	PA-1	PA-2	PA-3	BA-1	PN-2	BN-1	
蒸发残留物 延度（15℃）≥	cm		40				40				40		T0605
与粗集料的粘附性，裹附面积，≥	—		2/3				2/3			2/3			T0654
与粗、细粒式集料拌和试验	—				均匀				均匀			T0659
水泥拌和试验的筛上剩余，≤	%										—	T0657
常温贮存稳定性：1d，≤	%		1				1				1		T0655
5d，≤			5				5				5		

注：1. P 为喷洒型，B 为搅拌型，C、A、N 分别表示阳离子、阴离子、非离子乳化沥青。
2. 黏度可选用恩格拉黏度计或沥青标准黏度计之一测定。
3. 表中的破乳速度与集料的粘附性、裹附的要求、所使用的石料品种有关，质量检验时应采用工程上实际的石料进行试验，仅进行乳化沥青产品质量评定时可不要求此三项指标。
4. 贮存稳定性根据施工实际情况选用试验时间，通常采用 5d，乳液生产后能在当天使用时，也可用 1d 的稳定性。
5. 当乳化沥青需要在低温冰冻条件下贮存或使用时，尚需按 T0656 进行 −5℃ 低温贮存稳定性试验，要求没有粗颗粒、不结块。
6. 如果乳化沥青是将稀料高浓度产品运到现场经稀释后使用时，表中的蒸发残留物等各项指标指稀释前乳化沥青的要求。

（3）用于透层、粘层、封层及拌制冷拌沥青混合料的液体石油青的技术要求应符合表 3-38 的规定。

表 3-38

道路用液体石油沥青技术要求

试验项目		单位	快凝		中凝						慢凝						试验方法[1]
			AL(R)-1	AL(R)-2	AL(M)-1	AL(M)-2	AL(M)-3	AL(M)-4	AL(M)-5	AL(M)-6	AL(S)-1	AL(S)-2	AL(S)-3	AL(S)-4	AL(S)-5	AL(S)-6	
黏度	$C_{25.5}$	s	<20	—	<20	—	—	—	—	—	<20	—	—	—	—	—	T0621
	$C_{60.5}$	s	—	5~15	—	5~15	16~25	26~40	41~100	101~200	—	5~15	16~25	26~40	41~100	101~200	
蒸馏体积	225℃	%	>20	>15	<10	<7	<3	<2	0	0	—	—	—	—	—	—	T0632
	315℃	%	>35	>30	<35	<25	<17	<14	<8	<5	<40	<35	<25	<20	<15	<5	
	360℃	%	>45	>35	<50	<35	<30	<25	<20	<15	—	—	—	—	—	—	
蒸馏后残留物	针入度(25℃) 0.1mm		60~200	60~200	100~300	100~300	100~300	100~300	100~300	100~300	—	—	—	—	—	—	T0604
	延度(25℃)	cm	>60	>60	>60	>60	>60	>60	>60	>60	—	—	—	—	—	—	T0605
	浮漂度(5℃)	S	—	—	—	—	—	—	—	—	>20	>20	>30	>40	>45	>50	T0631
闪点(TOC法)		℃	>30	>30	>65	>65	>65	>65	>65	>65	>70	>70	>100	>100	>120	>120	T0633
含水量≤		%	0.2	0.2	0.2	0.2	0.2	0.2	0.2	0.2	2.0	2.0	2.0	2.0	2.0	2.0	T0612

（4）当使用改性沥青时，改性沥青应与改性剂有良好的配伍性。聚合物改性沥青主要技术要求应符合表 3-39 的规定。

聚合物改性沥青技术要求

表 3-39

指标	单位	SBS类（I类）				SBR类（II类）			EVA,PE类（III类）				试验方法
		I—A	I—B	I—C	I—D	II—A	II—B	II—C	III—A	III—B	III—C	III—D	
针入度 25℃，100g，5s	0.1mm	>100	80~100	60~80	30~60	>100	80~100	60~80	>80	60~80	40~60	30~40	T0604
针入度指数 PI，不小于	—	−1.2	−0.8	−0.4	0	−1.0	−0.8	−0.6	−1.0	−0.8	−0.6	−0.4	T0604
延度 5℃，5cm/min 不小于	cm	50	40	30	20	60	50	40	—				T0605
软化点 $T_{R\&b}$ 不小于	℃	45	50	55	60	45	48	50	48	52	56	60	T0606
运动黏度[①] 135℃，不大于	Pa·s	3											T0625 T0619
闪点，不小于	℃	230				230			230				T0611
溶解度，不小于	%	99				99			—				T0607
弹性恢复 25℃，不小于	%	55	60	65	75	—			—				T0662

187

指标	单位	SBS类（I类）				SBR类（II类）			EVA、PE类（III类）				试验方法
		I—A	I—B	I—C	I—D	II—A	II—B	II—C	III—A	III—B	III—C	III—D	
黏韧性，不小于	N·m	—				5			—				T0624
韧性，不小于	N·m	—				2.5			—				T0624
贮存稳定性②离析，48h，软化点差，不大于	℃	2.5				—			无改性剂明显析出、凝聚				T0661
TFOT（或RTFOT）后残留物													
质量变化，不大于	%	±1.0											T0610 或 T0609
针入度比25℃，不小于	%	50	55	60	65	50	55	60	50	55	58	60	T0604
延度5℃，不小于	cm	30	25	20	15	30	20	10	—				T0605

① 表中135℃运动黏度可采用国家现行标准《公路工程沥青及沥青混合料试验规程》JTG E20—2011中的"沥青氏旋转黏度试验方法（布洛克菲尔德黏度计法）"进行测定。若在不改变改性沥青物理力学性质并符合安全条件下易于泵送和搅拌，或经证明适当的搅拌温度时能保证沥青的质量，容易施工，可不要求测定。

② 贮存稳定性指标适用于工厂生产的成品改性沥青。现场制作的改性沥青对贮存稳定性指标可不作要求，但必须在制作后，保持不间断的搅拌或泵送循环，保证使用前没有明显的离析。

（5）改性乳化沥青技术要求应符合表 3-40 的规定。

改性乳化沥青技术要求　　表 3-40

试验项目		单位	品种及代号		试验方法
			PCR	BCR	
破乳速度		—	快裂或中裂	慢裂	T0658
粒子电荷		—	阳离子(＋)	阳离子(＋)	T0653
筛上剩余量(1.18mm),≤		%	0.1	0.1	T0652
黏度	恩格拉黏度 E_{25}		1～10	3～30	T0622
	沥青标准黏度 $C_{25.3}$	s	8～25	12～60	T0621
蒸发残留物	含量,≥	%	50	60	T0651
	针入度(100g,25℃,5s)	0.1mm	40～120	40～100	T0604
	软化点,≥	℃	50	53	T0606
	延度(5℃),≥	cm	20	20	T0605
	溶解度(三氯乙烯),≥	%	97.5	97.5	T0607
与矿料的粘附性,裹覆面积,≥		—	2/3	—	T0654
贮存稳定性	1d,≤	%	1	1	T0655
	5d,≤	%	5	5	T0655

注：1. 破乳速度与集料粘附性、搅拌试验、所使用的石料品种有关。工程上施工质量检验时应采用实际的石料试验，仅进行产品质量评定时可不对这些指标提出要求。

2. 当用于填补车辙时，BCR 蒸发残留物的软化点宜提高至不低于 55℃。

3. 贮存稳定性根据施工实际情况选择试验天数，通常采用 5d，乳液生产后能在第二天使用完时也可选用 1d。个别情况下改性乳化沥青 5d 的贮存稳定性难以满足要求，如果经搅拌后能达到均匀一致并不影响正常使用，此时要求改性乳化沥青运至工地后存放在附有搅拌装置的贮存罐内，并不断地进行搅拌，否则不准使用。

4. 当改性乳化沥青或特种改性乳化沥青需要在低温冰冻条件下贮存或使用时，尚需按 T0656 进行—5℃低温贮存稳定性试验，要求没有粗颗粒、不结块。

（6）沥青混合料成品应符合马歇尔试验配比技术要求。

3.5.4　取样要求

（1）同一厂家、同一品种、同一标号、同一批号连续进场的石油沥青每 100t 为 1 批，改性沥青 50t 为 1 批，每批次抽检 1

次。黏稠沥青或固体沥青试样数量不少于 4kg，液体沥青试样数量不少于 1L，沥青乳液试样数量不少于 4L。

（2）沥青混合料马歇尔试验试样数量见表 3-41。

沥青混合料马歇尔试验试样数量　　　　　　表 3-41

试验项目	目　的	最小试样量（kg）	取样量（kg）
马歇尔试验、抽提筛分	施工质量检验	12	20
浸水马歇尔试验	水稳定性检验		

（3）在道路施工现场取样应在摊铺后未碾压前，摊铺宽度两侧的 1/2～1/3 位置处取样，用铁锹取该层的料，每摊铺一车料取一次，连续 3 车取样后，混合均匀按四分法取样至足够数量。

（4）热拌沥青混合料每次取样时，都必须用温度计测量温度，准确到 1℃。

3.6　水泥混凝土

3.6.1　概述

用于路面的水泥混凝土主要以弯拉强度为验收指标。

3.6.2　检测依据

《城镇道路工程施工与质量验收规范》CJJ 1—2008

《公路工程水泥及水泥混凝土试验规程》JTG E30—2005

3.6.3　取样数量

水泥混凝土弯拉强度应符合设计规定，每 100m³ 同配合比的混凝土，取样 1 次，不足 100m³ 时按 1 次计，每次取样应至少留置 1 组标准养护试件。同条件养护试件的留置数量应根据实际需要确定，最少 1 组。

3.6.4　碾压混凝土抗弯拉试件制作

（1）仪器设备

1）改制平板振动器如图 3-1 所示。频率 50Hz±3Hz，振幅 1mm，功率 1.1kW，质量约 25kg。平板振动器下的压板应具有一定的刚度，其边长比试模尺寸小约 5mm。

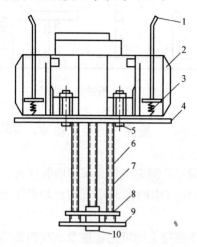

图 3-1　改制平板振动器结构示意图
1—把手；2—振捣器；3—弹簧；
4—底板；5—螺栓；6—套管；7—螺杆；
8—弹簧成型板；9—成型压板；10—压板连接螺栓

2）试模：内壁尺寸 100mm×100mm×400mm 或 150mm×150mm×550mm 或 150mm×150mm×600mm，铸铁制成；内表面磨光，拆装方便，内部尺寸允许偏差为：棱边长度不超过 1mm，直角不超过 0.5°。模板应有足够的刚度，在加压振动作用下，不易变形。

3）套模：铸铁或钢制成，内轮廓尺寸与试模相同，高度约 100mm，不易变形并能固定于试模上。

4）压板：如图 3-2 所示。板的长度与宽度分别比试模内壁尺寸小约 5mm，厚度不小于 15mm，上部焊有限位杆（可用钢筋或角钢）。

（2）试验准备

1）检查平板振动器等试验器具，确认具有良好的工作状态。

2）检查试模外形，应采用外形整齐并能拼装紧固的试模；

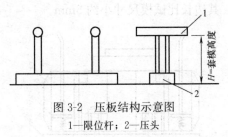

图 3-2 压板结构示意图

1—限位杆；2—压头

将试模和套模擦净，内壁涂一薄层矿物油，并将套模紧固在试模上。

3）将试模编号，测定、记录试模内腔（长、宽、深）尺寸，应以 3 个不同部位（中间和两端）的评均值为结果，测量精确至 0.1mm。

4）根据碾压混凝土的理论密度及试模内腔容积，按 95％的压实率计算成型一个试件所需的试样质量。

（3）试件成型

1）按所需试样用量称取有代表性的碾压混凝土试样，将试样分两层装入试模。装模时，应注意不使试样产生离析。每次试样入模后，先用镘刀沿试模内壁上下插捣一周，再用捣棒插捣。100mm×100mm×400 mm 的试件，每层插捣 50 下；150mm×150mm×550 mm 或 150mm×150mm×600 mm 的试件，每层插捣 100 下。插捣下层时应插捣至模底，插捣上层时应插入下层 2cm 左右。插捣时应用力均匀，不得冲击。

2）将压板置于试样表面，把改制平板振动器放在压板上，打开振动器开关，振至试样与试模口齐平为止，如图 3-3 所示。

（4）确认试件压实率

进行试件强度试验前，用游标卡尺测定其尺寸，高度和宽度至少测量 3 处取平均值，长度至少测量 2 处取平均值，用尺寸的平均值求出试件体积；将试件称重，最后求出试件的实测压实率。

$$P=\left[(G/V)/\rho_0\right]\times100$$

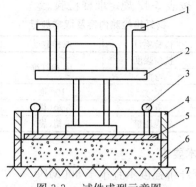

图 3-3　试件成型示意图

1—把手；2—平板振动器；3—限位杆；

4—套模；5—压板；6—试模；7—地面

式中　P——试件实测压实率（%）；

G——试件质量（kg）；

V——试件体积（m³）；

ρ_0——碾压混凝土理论密度（kg/m³）。

试样结果精确至 0.1%。如果试件的实测压实率与设计值（95%）的误差超过 1%，应适当调整试样，以使试件实测压实率达到规定要求。

3.7　钢　纤　维

3.7.1　概述

钢纤维是用钢材通过一定工艺制成的能随机分布于混凝土中能提高混凝土性能的短而细的纤维。钢纤维主要用于制造钢纤维混凝土，并应用于隧道、工业地坪等领域。

3.7.2　检测依据

《混凝土用钢纤维》YB/T 151—1999

3.7.3　检测内容及取样数量

同一尺寸规格，同一品种，同一强度等级的钢纤维每 5t 为一个验收批次，按表3-42规定取样检验。

钢纤维检测内容及取样数量　　　　表3-42

序号	检验项目	取样数量	取样方法
1	抗拉强度	10根纤维	每批中任取
2	弯曲		
3	尺寸	100根	
4	重量	5箱（袋）	
5	外观质量	1箱（袋）	

3.7.4　技术要求

（1）单根钢纤维强度不宜小于600MPa。

（2）最短长度宜大于粗集料最大公称粒径的1/3；最大长度不宜最大公称粒径的2倍。

（3）钢纤维长度与标称值的允许偏差为±10%。

3.8　混凝土路面砖

3.8.1　概述

混凝土路面砖是指以水泥和集料为主要原材料，经加压、振动加压或其他成型工艺制成的，用于铺设人行道、车行道、广场、仓库等的混凝土路面及地面工程的块、板等（以下统称路面砖）。其表面可以是有面层（料）的或无面层（料）的，本色的或彩色的。

3.8.2　检测内容及技术指标

（1）路面砖的外观质量应符合表3-43的规定。

外观质量（mm）　　　　表3-43

项　目		优等品	一等品	合格品
正面粘皮及缺损的最大投影尺寸≤		0	5	10
缺棱掉角的最大投影尺寸≤		0	10	20
裂纹	非贯穿裂纹长度最大投影尺寸≤	0	10	20
	贯穿裂纹	不允许		
分　层		不允许		
色差、杂色		不明显		

（2）路面砖的尺寸允许偏差应符合表 3-44 的规定。

尺寸允许偏差（mm）　　　　　表 3-44

项目	优等品	一等品	合格品
长度、宽度	±2.0	±2.0	±2.0
厚度	±2.0	±3.0	±4.0
厚度差	≤2.0	≤3.0	≤3.0
平整度	≤1.0	≤2.0	≤2.0
垂直度	≤1.0	≤2.0	≤2.0

（3）根据路面砖边长与厚度比值，选择做抗压强度或抗折强度试验，其力学性能须符合表 3-45 的规定。

力学性能（MPa）　　　　　表 3-45

边长/厚度	<5		≥5		
抗压强度等级	平均值≥	单块最小值≥	抗折强度等级	平均值≥	单块最小值≥
C_c30	30.0	25.0	$C_f3.5$	3.50	3.00
C_c35	35.0	30.0	$C_f4.0$	4.00	3.20
C_c40	40.0	35.0	$C_f5.0$	5.00	4.20
C_c50	50.0	42.0	$C_f6.0$	6.00	5.00
C_c60	60.0	50.0	—	—	—

（4）路面砖物理性能须符合表 3-46 的规定。

物理性能　　　　　表 3-46

质量等级	耐磨性		吸水率% ≤	抗冻性
	磨坑长度 mm ≤	耐磨度 ≥		
优等品	28.0	1.9	5.0	冻融循环试验后，外观质量须符合表 2 的规定；强度损失不得大于 20.0%。
一等品	32.0	1.5	6.5	
合格品	35.0	1.2	8.0	

注：磨抗长度与耐磨度二项试验只做一项即可

3.8.3 取样及数量要求

同一类别、同一规格、同一等级 20000 块为一个验收批次，不足 20000 块也按一批计，力学及物理性能试样的龄期不少于

28d，各项目试样数量见表 3-47。

路面砖试样数量　　　　　　　　表 3-47

序号	检测项目		需要试样（块）
1	外观质量		50
2	尺寸偏差		10
3	力学性能	抗压	5
4		抗折	5
5	物理性能	耐磨	5
		吸水	5
		抗冻	10

3.9 钢 绞 线

3.9.1 概述

钢绞线是由多根钢丝绞合构成的钢铁制品，预应力钢绞线中常用的预应力钢绞线为有镀锌或无镀层的低松弛预应力钢绞线，常用于桥梁、建筑、水利、能源及岩土工程等。

3.9.2 检测依据

《预应力混凝土用钢绞线》GB/T 5224—2014

《预应力混凝土用钢材试验方法》GB/T 21839—2008

3.9.3 检测内容及取样要求

同一牌号、同一规格、同一生产工艺捻制的钢绞线每 60t 为一个验收批。常规检测项目及取样数量见表 3-48，每根试样应从不同的盘上取得。

钢绞线常规检测项目及取样数量　　　　表 3-48

序号	检验项目	取样数量	取样部位	检验方法
1	表面	逐盘卷		目视
2	外形尺寸	逐盘卷		按《预应力混凝土用钢绞线》GB/T 5224 执行

序号	检验项目	取样数量	取样部位	检验方法
3	钢绞线伸直性			用分度值 1mm 的量具测量
4	整根钢绞线最大力			
5	0.2%屈服力	3 根/每批	在每(任)盘卷中任意一端截取	按《预应力混凝土用钢材试验方法》GB/T 21839 执行
6	最大力总伸长率			
7	弹性模量			
8	应力松弛性能	不小于 1 根/每合同批		

3.9.4 技术要求

(1) 常用的 1×7 结构钢绞线力学性能应符合表 3-49 的要求。

1×7 结构钢绞线力学性能　　　　表 3-49

钢绞线结构	钢绞线公称直径 D_n(mm)	公称抗拉强度 R_x(MPa)	整根钢绞线最大力 F_m(kN) ≥	整根钢绞线最大力的最大值 $F_{a.max}$ (kN) ≤	0.2%屈服力 $F_{p0.2}$(kN) ≥	最大力总伸长率(L_0≥500mm)A_m(%)≥	应力松弛性能	
							初始负荷相当于实际最大力的百分数(%)	1000h 应力松弛率 r(%) ≤
1×7	15.20 (15.24)	1470	206	234	181	对所有规格	对所有规格	对所有规格
		1570	220	248	194			
		1670	234	262	206			
	9.50 (9.53)	1720	94.3	105	83.0	3.5	70	2.5
	11.10 (11.11)		128	142	113		80	4.5
	12.70		170	190	150			
	15.20 (15.24)		241	269	212			
	17.80 (17.78)		327	365	288			

钢绞线结构	钢绞线公称直径 D_a(mm)	公称抗拉强度 R_x(MPa)	整根钢绞线最大力 F_m(kN) ≥	整根钢绞线最大力的最大值 $F_{a.max}$(kN) ≤	0.2%屈服力 $F_{p0.2}$(kN) ≥	最大力总伸长率(L_0≥500mm) A_m(%) ≥	初始负荷相当于实际最大力的百分数(%)	1000h应力松弛率 r(%) ≤
	18.90	1820	400	444	352	对所有规格	对所有规格	对所有规格
	15.70	1770	266	296	234			
	21.60		504	561	444			
	9.50(9.53)		102	113	89.8		70	2.5
	11.10(11.11)		138	153	121			
	12.70		184	203	162	3.5		
	15.20(15.24)	1860	260	288	229			
1×7	15.70		279	309	246		80	4.5
	17.80(17.78)		355	391	311			
	18.90		409	453	360			
	21.60		530	587	466			
	9.50(9.53)		107	118	94.2			
	11.10(11.11)	1960	145	160	128			
	12.70		193	213	170			
	15.20(15.24)		274	302	241			
1×7I	12.70	1860	184	203	162			
	15.20(15.24)		260	288	229			
(1×7C)	12.70	1860	208	231	183			
	15.20(15.24)	1820	300	333	264			
	18.00	1720	384	428	338			

（2）当表 3-48 中规定的某一检验结果不符合规定时，则该卷不得交货，并从同一批未经检验的钢绞线盘卷中去双倍数量的试样进行该不合格项目的复验，复验结果即使有一个试样不合格，则整批钢绞线不得交货，或进行逐盘检验合格后交货。供方有权对复验不合格产品进行重新组批提交验收。

3.10　预应力筋锚具、夹具和连接器

3.10.1　概述

锚具是指在后张法结构或构件中，用于保持预应力筋的拉力并将其传递到混凝土（或钢结构）上所用的永久性锚固装置，分为张拉端锚具和固定端锚具。

夹具是指在先张法构件施工时，用于保持预应力筋的拉力并将其固定的生产台座（或设备）上的临时性锚固装置；在后张法结构或构件施工时，在张拉千斤顶或设备上夹持预应力筋的临时性锚固装置（又称工锚具）。

连接器是指用于连接预应力筋的装置。

3.10.2　检测依据

《公路桥涵施工技术规程》JTG/T F50—2011

《预应力筋用锚具、夹具和连接器》GB/T 14370—2015

3.10.3　检测内容

锚具、夹具和连接器的常规检测内容为硬度、静载锚固性能。

3.10.4　取样数量及技术要求

（1）同一产品、同一批原材料，同一种工艺一次投料生产的锚具 2000 件（套）为 1 个批次，夹具、连接器 500 套为 1 个批次。

（2）硬度：应在每批外观符合质量合格的产品中抽取 3% 且不少于 5 套样品，对多孔夹片式锚具的夹片，每套抽 6 片，其硬

度应符合产品质保书的规定。当有 1 个试件不符合时，则应另取双倍数量的零件复验，如仍有 1 个不合格，应对本批产品逐个检测，合格者进入后续检测或使用。

（3）静载锚固性能：在外观及硬度均合格的同批产品中抽取样品，相应规格和强度等级的预应力筋组成 3 个预应力筋-锚具组装件，其锚具效率系数应大于等于 0.95 且实测极限拉力时预应力筋的总应变大于等于 2.0%，如有 1 个试件不合格时，取双倍数量的样品复试，仍有 1 个试件不符合时，则该批锚具为不合格。

3.11 水泥基灌浆材料

3.11.1 概述

水泥基灌浆材料由水泥、集料（或不含集料）、外加剂和矿物掺合料等原料，经工业化生产的具有合理级分的干混材料，加水拌合后具有可灌注的流动性、微膨胀、高的早期和后期强度、不泌水等性能。水泥基灌浆材料适用于地脚螺栓锚固、设备基础或钢结构柱脚底板的灌浆、混凝土结构加固改造及后张预应力混凝土结构孔道灌浆。

3.11.2 检测依据

《水泥基灌浆料材料应用技术规范》GB/T 50448—2015

3.11.3 检测内容及技术要求

水泥基灌浆材料的主要检测内容及性能应符合表 3-50 的要求。

水泥基灌浆材料的主要检测内容及性能指标　表 3-50

类别		Ⅰ类	Ⅱ类	Ⅲ类	Ⅳ类	
最大集料粒径(mm)		≤4.75			>4.75 且≤16	
流动度 (mm)	初始值	≥380	≥340	≥290	≥270*	≥650**
	30min 保留值	≥340	≥310	≥260	≥240*	≥550**

续表

类别		Ⅰ类	Ⅱ类	Ⅲ类	Ⅳ类
竖向膨胀率(%)	3h			0.1～3.5	
	24h与3h的膨胀值之差			0.02～0.5	
抗压强度(MPa)	1d			≥20.0	
	3d			≥40.0	
	28d			≥60.0	
对钢筋有无锈蚀作用				无	
泌水率(%)				0	

3.11.4 取样要求

每200t为1个编号，不足1个编号的按1个编号计，每1个编号为1个取样单位。取样方法参照水泥取样方法（2.1.4）。

3.12 预应力混凝土桥梁用塑料波纹管

3.12.1 概述

预应力塑胶波纹管应用于后张预应力混凝土结构之中，以作为预应力筋的成孔管道，拥有密封性好、无渗水漏浆、环刚度高、摩擦参数小、耐老化、抗电侵蚀、柔弹力好、不易被捣棒凿破和新式的连接方式使施工连接更方便。

3.12.2 检测依据

《预应力混凝土桥梁用塑料波纹管》JT/T 529—2004

3.12.3 检测内容及技术要求

（1）预应力混凝土桥梁用塑料波纹管的主要检测内容及性能应符合表3-51的要求。

预应力混凝土桥梁用塑料波纹管主要检测内容及性能指标

表3-51

序号	检测项目	技术要求
1	环刚度	不小于6kN/m²
2	局部横向荷载	残余变形不超过管材外径的10%
3	柔韧性	按规定方法弯曲5次后，专用塞规顺利在管中通过
4	抗冲击性	真实冲击率TIR最大允许值为10%

（2）在外观质量检验后，检验其他指标均合格时则判该批产品为合格批。若其他指标中有一项不合格，则应在该产品中重新抽取双倍样品制作试样，对指标中的不合格项目进行复检，复检全部合格，判该批为合格批；检测结果若仍有一项不合格，则判该批产品为不合格。复检结果作为最终判定的依据。

3.12.4 取样要求

（1）同一配方、同一生产工艺、同设备稳定生产的 10000m 为一个验收批。

（2）取样应符合表 3-52 的要求。

预应力混凝土桥梁用塑料波纹管取样要求　　表 3-52

序号	检测项目	取样要求
1	环刚度	从 5 根不同管子上各取 300mm(10mm)试样 1 段,两端应与轴线垂直
2	局部横向荷载	从 5 根不同管子上各取 1100mm 试样 1 段
3	柔韧性	取长度为 1100mm 管子 1 段
4	抗冲击性	从一批或连续生产的管子上随机切取长度为（200±10）mm，两端应与轴线垂直,切割端应清洁无损伤,数量按《热塑性塑料管材耐性外冲击性能　试验方法　时针旋转法》GB/T 14152—2001 第 5 章确定

3.13　压实度检测

3.13.1　概述

压实度是指筑路材料压实后的干密度与标准最大干密度的比值。压实度是路基路面施工质量检测的关键指标之一，压实度越高，密度越大，整体性能越好。

3.13.2　检测依据

《城镇道路工程施工与质量验收规范》CJJ 1—2008

《给水排水管道工程施工及验收规范》GB 50268—2008

《公路路基路面现场测试规程》JTG E60—2008

3.13.3 选点方法

根据验收规范规定的频率，按数理统计原理得出的路基路面现场测定区间、测定点进行检测，具体方法见《公路路基路面现场测试规程》JTG E60—2008 附录 A 公路路基路面现场测试随机选点方法。

3.13.4 技术要求及检测频率

（1）路基及基层压实度的技术要求及检测频率见表 3-53。

路基及基层压实度　　　　　　表 3-53

序号	结构部位		压实度	检测频率
1	填石路堤		要符合试验段确定值	每 1000m² 抽检 3 点
2	路肩		≥90%	每 100m，每侧各抽检 1 点
3	砂垫层		≥90%	每 1000m²、每压实层抽检 3 点
4	基层及底基层	城市快速路、主干道基层	≥97%	每 1000m²、每压实层抽检 1 点
5		城市快速路、主干道底基层	≥95%	
6		其他等级路道基层	≥95%	
7		其他等级路底基层	≥93%	
8	沥青混合料（沥青碎石）基层		≥95%（马歇尔击实密度）	每 1000m² 抽检 3 点
9	沥青灌入式基层		≥95%	

（2）沥青混合料面层压实度技术要求及检测频率见表 3-54。

沥青混合料面层压实度　　　　　　表 3-54

序号	面层		压实度	检测频率
1	沥青混合料面层	城市快速路、主干道	≥96%	每 1000m² 测 1 点
2		次干道及以下道路	≥95%	
3	沥青贯入式与沥青表面处治面层		≥95%	

（3）给排水刚性管道沟槽回填土压实度技术要求及检测频率见表 3-55。

刚性管道沟槽回填土压实度　　　　表 3-55

序号	项目			最低压实度(%)		检查数量		检查方法
				重型击实标准	轻型击实标准	范围	点数	
1	石灰土类垫层			93	95	100m		用环刀法检查或采用现行国家标准《土工试验方法标准》GB/T 50123—1999 中其他方法
2	沟槽在路基范围外	胸腔部分	管侧	87	90	两井之间或 1000m²	每层每侧一组(每组3点)	
			管顶以上 500mm	87±2(轻型)				
		其余部分		≥90(轻型)或按设计要求				
		农田或绿地范围表层 500mm 范围内		不宜压实,预留沉降量,表面整平				
3	沟槽在路基范围内	胸腔部分	管侧	87	90			
			管顶以上 250mm	87±2(轻型)				
		由路槽底算起的深度范围 (mm)	≤800	快速路及主干路 95 / 次干路 93 / 支路 90	98 / 95 / 92			
			>800 ~1500	快速路及主干路 93 / 次干路 90 / 支路 87	95 / 92 / 90			
			>1500	快速路及主干路 87 / 次干路 87 / 支路 87	90 / 90 / 90			

注：表中重型击实标准的压实度和轻型击实标准的压实度,分别以相应的标准击实试验法求得的最大干密度为 100%。

（4）给排水柔性管道沟槽回填土压实度技术要求、检测频率见表 3-56，柔性管道沟槽回填部位与压实度示意图见图 3-4。

柔性管道沟槽回填土压实度　　　　表 3-56

槽内部位		压实度(%)	回填材料	检查数量		检查方法
				范围	点数	
管道基础	管底基础	≥90	中、粗砂	—	—	用环刀法检查或采用现行国家标准《土工试验方法标准》GB/T 50123—1999 中其他方法
	管道有效支撑角范围	≥95		每 100m		
管道两则		≥95	中、粗砂、碎石屑,最大粒径小于 40mm 的砂砾或符合要求的原土	两井之间或每 1000m²	每层每侧一组(每组3点)	
管顶以上 500mm	管道两侧	≥90				
	管道上部	85±2				
管顶 500~1000mm		≥90	原土回填			

注：回填土的压实度,除设计要求用重型击实标准外,其他皆以轻型击实标准试验获得最大干密度为 100%。

	地面			
原土分层回填	≥90%			管顶 500~1000mm
符合要求的原土或中、粗砂、碎石屑，最大粒径<40mm的砂砾回填	≥90%	≥85%±2%	≥90%	管顶以上500mm，且不小于一倍管径
分层回填密实，压实后每层厚度 100~20mm		≥90%	≥95%	管道两侧
中、粗砂回填		≥95%	≥95%	2α+30°范围
中、粗砂回填	≥90%			管底基础，一般大于或等于150mm

槽底，原状土或经处理回填密实的地基

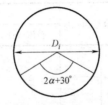

图 3-4 柔性管道沟槽回填部位与压实度示意图

3.14 平整度检测

3.14.1 概述

平整度是指路面表面相对于理想平面的竖向偏差。路面平整度是路面评价及路面施工验收中的一个重要指标，它必须通过路基、基层、面层各个层次的精确施工方能得以保障，因此，各层次均有平整度指标。

3.14.2 检测依据

《城镇道路工程施工与质量验收规范》CJJ 1—2008

《公路路基路面现场测试规程》JTG E60—2008

3.14.3 技术要求及检测频率

（1）路基平整度的技术要求及检测频率见表 3-57。

路基平整度 表 3-57

路基	允许偏差(mm)	检测频率		
		范围(m)	路宽(m)	点数
（土路基）路床	≤15	20	<9	1
			9～15	2
			>15	3
（填石方路基）路床	≤20	20	<9	1
			9～15	2
			>15	3

（2）基层平整度技术要求及检测频率见表 3-58。

基层平整度 表 3-58

基层	允许偏差(mm)		检测频率		
			范围(m)	路宽(m)	点数
石灰稳定土类、级配砂砾及级配砾石	基层	≤10	20	<9	1
				9～15	2
	底基层	≤15		>15	3
沥青碎石	≤10		20	<9	1
				9～15	2
				>15	3

（3）面层平整度技术要求及检测频率见表 3-59。

面层平整度 表 3-59

面层	允许偏差(mm)			检测频率		
				范围(m)	路宽(m)	点数
热拌沥青混合料	标准偏差值	快速路、主干路	≤1.5	100	<9	1
		次干道、支路	≤2.4		9～15	2
					>15	3
	最大间隙	次干路、支路	≤5	20	<9	1
					9～15	2
					>15	3

206

面层	允许偏差(mm)		检测频率		
			范围(m)	路宽(m)	点数
冷拌沥青混合料	≤10		20	<9	1
				9~15	2
				>15	3
沥青贯入式沥青表面处治	≤7		20	<9	1
				9~15	2
				>15	3
水泥混凝土	标准偏差值	城市快速路、主干路	≤1.2	100	1点
		次干路、支路	≤2		
	最大间隙	城市快速路、主干路	≤3	200	
		次干路、支路	≤5		

3.15 回弹弯沉检测

3.15.1 概述

回弹弯沉指的是路基或路面在规定荷载作用下产生垂直变形,卸载后能恢复的那一部分变形。通常回弹弯沉值越大,路面结构的塑性变形也越大(刚度差),同时抗疲劳性能也差,难以承受重交通量;反之,则路面结构的抗疲劳性能好,并能承受较重的交通量。

3.15.2 检测依据

《城镇道路工程施工与质量验收规范》CJJ 1—2008

《公路路基路面现场测试规程》JTG E60—2008

3.15.3 技术要求及检测频率

弯沉的技术要求及检测频率见表3-60。

弯沉技术要求及检测频率 表 3-60

结构部位	技术要求	检测频率
土方路基	不大于设计要求	每车道、每20m测1点
级配砂砾及级配砾石基层及底基层		
级配碎石及级配碎砾石层及底基层		
沥青混合料(沥青碎石)基层		
沥青贯入式基层		
热拌沥青混合料面层		
沥青贯入式面层		

3.16 路面抗滑性能检测

3.16.1 概述

路面的抗滑性能与行车安全性密切相关,是道路工程施工质量验收的指标之一。

3.16.2 检测依据

《城镇道路工程施工与质量验收规范》CJJ 1—2008
《公路路基路面现场测试规程》JTG E60—2008

3.16.3 技术要求及检测频率

路面抗滑性能的技术要求及检测频率见表 3-61。

路面抗滑性能 表 3-61

面层	抗滑指标	技术要求	取样频率 范围	取样频率 点数	检测方法
热(冷)拌沥青混合料面层	摩擦系数	符合设计要求	每200m	1	摆式仪法
				全线连续	横向力系数车
	构造深度			1	铺砂法激光构造深度仪
水泥混凝土	构造深度		每1000m²	1	铺砂法

3.17 面层厚度检测

3.17.1 概述

道路面层厚度是施工质量控制及施工质量验收的必检项目。

3.17.2 检测依据

《城镇道路工程施工与质量验收规范》CJJ 1—2008

《公路路基路面现场测试规程》JTG E60—2008

3.17.3 技术要求及检测频率

面层厚度的技术要求及检测频率见表 3-62。

面层厚度 表 3-62

面层	技术要求	允许偏差（mm）	检测频率
热拌沥青混合料	符合设计规定	＋10～－5	每 1000m² 1 个点
冷拌沥青混合料		＋15～－5	
沥青贯入式		＋10～－5	
水泥混凝土		±5	

附录 试样台账

通用试样台账

检测试验项目：

表 1

试样编号	品种/种类	规格/等级	产地/厂别	代表数量	其他参数		是否见证	取样人	取样日期	送检日期	委托编号	报告编号	检测试验结果	备注

210

表 2

钢筋试样台账

试样编号	种类	规格 (mm)	牌号 (级别)	厂别	代表数量 (t)	炉罐号	是否见证	取样人	取样日期	送检日期	委托编号	报告编号	检测试验结果	备注

表 3

钢筋连接接头试样台账

试样编号	接头类型	接头等级	代表数量	原材试样编号	公称直径 (mm)	是否见证	取样人	取样日期	送检日期	委托编号	报告编号	检测试验结果	备注

表 4

混凝土试件台账

证件编号	浇筑部位	强度、抗渗等级	配合比编号	成型日期	试件类型	养护方式	是否见证	制作人	送检日期	委托编号	报告编号	检测试验结果	备注

注: 1. 试件类型是指抗压强度试件和抗渗试件;
　　2. 养护方式包括: 标准养护、同条件养护或同条件养护 28d 转标准养护 28d。

表 5

砂浆试件台账

试件编号	砌筑部位	强度等级	砂浆种类	配合比编号	成型时间	养护方式	是否见证	制作人	送检日期	委托编号	报告编号	检测试验结果	备注

注: 1. 砂浆种类是指水泥砂浆或混合砂浆;
　　2. 养护方式: 标准养护或同条件养护。

214